Inhaltsverzeichnis

Dieses Heft gehört: ______________________________	Klasse: __________

W0295000

Tipps zum Heft und zur Prüfungsvorbereitung

Ein Sportler wird ohne Training kaum bei einem Wettkampf erfolgreich sein. Er wird deshalb zuvor vor allem das üben, was für seine Sportart und den bevorstehenden Wettkampf wichtig ist. Für den Erfolg wird er sich über einen längeren Zeitraum kontinuierlich vorbereiten.
Deine Mathematikprüfung am Ende der Jahrgangsstufe 10 ist vergleichbar mit einer Meisterschaft im Sport. Das vorliegende Heft ist dein Trainer.

Hinweise zur Arbeit mit dem Heft

In der Prüfung wirst du einfache und schwierige Aufgaben bearbeiten, die denen in diesem Heft sehr ähnlich sind.
Verwende dabei die üblichen Hilfsmittel (Taschenrechner, Formelsammlung, …).
Aktuelle Informationen und Originalprüfungsaufgaben findest du dazu unter der Internetadresse:
www.cornelsen.de/abschlusspruefungmathe.
Zum ausgiebigen Nacharbeiten enthält jeder Schwerpunkt einen Hinweis auf geeignete Seiten im Nachschlagewerk „Mathematik in Übersichten". Informationen zu diesem Nachschlagewerk findest du auf der letzten Seite dieses Heftes.

Die Aufgaben sind so zusammengestellt worden, dass es sinnvoll ist, sie der Reihe nach zu bearbeiten. Es wird jeweils zuerst Grundlegendes abgefragt und im Anschluss daran werden unterschiedlich schwere Übungsaufgaben angeboten. Wie auch bei zahlreichen Prüfungsaufgaben gehen Teilaufgaben über den jeweiligen Schwerpunkt hinaus.
Bei der Zusammenstellung der Aufgaben wurden alle Vorgaben, die für Prüfungen gelten, berücksichtigt. Vielleicht hast du in diesem Zusammenhang z. B. bereits von inhalts- und prozessbezogenen Kompetenzen gehört.

Die Tests zu den Grundfertigkeiten dienen der Einstimmung in ein Thema. Gleichzeitig können damit die individuellen Voraussetzungen zur Bearbeitung der folgenden Übungsaufgaben beurteilt werden. Kreuze jeweils in den Kästchen an. Eine Aufgabe gilt dann als richtig gelöst, wenn **nur** die richtigen Lösungen markiert wurden.

Das Lösungsheft ermöglicht dir eine rasche Kontrolle der Ergebnisse und die Beurteilung deines Leistungsstandes. Natürlich kann es auch als Hilfe beim Bearbeiten von Aufgaben eingesetzt werden.
Beachte, dass die Abbildungen im Lösungs- und Arbeitsheft, wenn nichts anderes vermerkt ist, nicht maßstabsgetreu sind.

Bei der Organisation der Prüfungsvorbereitung hilft dir Doppelseite 46/47. Erstelle damit deinen Trainingsplan.
Beachte, dass eine gute Zeiteinteilung und ein frühzeitiger Beginn mehr Erfolg bringen, als wenn große Brocken auf einmal zu bewältigen sind.
Suche dir eine Mitschülerin oder einen Mitschüler für eine gemeinsame Prüfungsvorbereitung. Zusammen macht das Trainieren mehr Spaß und auch die Ergebnisse sind oft besser.

Check deine Hilfsmittel

- ☐ Taschenrechner
- ☐ Duden bzw. Wahrig
- ☐ Zeichengeräte (Geodreieck, Zirkel, ...)
- ☐ Schreibzeug
- ☐ kariertes Papier

} Diese Hilfsmittel können auch in der Prüfung genutzt werden.

- ☐ Formelsammlung
- ☐ Mathematikunterlagen (Buch, Heft, …)
- ☐ „Mathematik in Übersichten" (zum Nachschlagen)

} Diese Hilfsmittel dürfen in Prüfungen nicht verwendet werden.

Von Anfang an sollte mit den im Unterricht verwendeten Hilfsmitteln, d. h. Formelsammlung, Taschenrechner, Geodreieck, …, gearbeitet werden. Dies gibt Sicherheit und spart Zeit.

Nutze Formelsammlung und Taschenrechner

- Verschaffe dir einen Überblick über den Aufbau der Formelsammlung. Suche dazu zu jedem Schwerpunkt die passenden Seiten.
- Schlage während der Prüfungsvorbereitung möglichst Formeln nur in der in der Schule verwendeten Formelsammlung nach.
  Merke dir, wo wichtige Formeln zu finden sind.
- Verwende möglichst bei der Prüfungsvorbereitung und in der Prüfung nur den Taschenrechner, den du bisher im Mathematikunterricht genutzt hast.
- Überschlage jedes Ergebnis im Kopf.

Knacke Text- und Sachaufgaben

- Lies den Text in Ruhe, bevor du mit der Bearbeitung der Aufgabe beginnst.
- Zeichne Skizzen. Diese sind hilfreich, wenn du auf Schwierigkeiten stößt.
- Markiere die gegebenen und gesuchten Angaben unterschiedlich. Bei zahlreichen Aufgaben sieht man so schnell den vorher verzweifelt gesuchten Ansatz. „Schmierzettel" bewähren sich dabei oft.
- Schreibe die Einheiten mit auf. So kannst du Flüchtigkeitsfehler vermeiden und später gegebenenfalls schneller deinen Lösungsweg nachvollziehen und Fehler finden. Führe jeweils einen Überschlag durch.
- Überprüfe, ob die Ergebnisse deiner Rechnungen zu den Aufgaben und Aufgabenstellungen passen. Überlege, ob sie stimmen können.
- Notiere die Lösungswege so, wie es im Mathematikunterricht geübt wurde. Diese Form wird in der Prüfung (wie auch in den Klassenarbeiten) von dir erwartet.
- Stelle den Lösungsweg nachvollziehbar dar.

Noch drei Tipps für bessere Noten

- Wie verschafft man sich einen Überblick über alle Aufgaben?
  Mit welcher sollte man beginnen?
  Lies dir alle Aufgaben zuerst einmal durch.
  Beginne mit einer leichten Aufgabe.
  Berücksichtige deine Notizen im Trainingsplan auf der Doppelseite 46/47.
- Verschenke keine Punkte durch Formmängel.
  Achte auf die richtigen Schreibweisen und mathematischen Darstellungen.
- Hilfe, ich komme nicht weiter.
  Soll ich eine andere Aufgabe nehmen?
  Wenn du bei einer Aufgabe nicht weiterkommst, dann probiere nicht zu lange daran herum. Versuche, andere Aufgaben zu lösen. Beschäftige dich erst wieder damit, wenn du die anderen Aufgaben so weit wie möglich gelöst hast.
  Lege ab und zu eine kurze Pause ein. Gerade bei hoher Anspannung kannst du dich dadurch schnell erholen.

Ermitteln von Übungsschwerpunkten

Mithilfe der folgenden Aufgaben kannst du abschätzen, in welchen Bereichen deine Stärken liegen und wo der größte Wiederholungs- oder Übungsbedarf besteht. Es ist deshalb wichtig, dass ehrlich geantwortet wird. Kreuze jeweils „wahr" bzw. „falsch" oder nichts an.

Kontrolliere danach mit dem Lösungsheft deine Antworten.
Für jede richtige Antwort bekommst du einen Punkt (+1), für jede falsche Antwort wird ein Punkt (–1) abgezogen. Wurde eine Frage nicht beantwortet, gibt es keine Punkte (0).

Prozent- und Zinsrechnung	wahr	falsch	Punkte
$\frac{5}{6} = 85\,\%$			
3,5 % von 2 500,00 € sind 87,50 €.			
Legt man 3 000,00 € für 3 Monate zu 3 % p. a. an, so gibt es dafür 27,00 € Zinsen.			
Nach einer Lohnerhöhung um 1,5 % erhält Jana 1278,90 €. Zuvor waren es 1260,00 €.			
Wenn ein Trainingsanzug inklusive 19 % Mehrwertsteuer 100,00 € kostet, dann kostet er ohne Mehrwertsteuer 81,00 €.			

Zahlen und Größen	wahr	falsch	Punkte
80 m = 0,08 km			
7 000 kg + 3 t + 500 g = 10,5 t			
$-\pi < -0{,}45 < -\frac{1}{2} < 2\frac{1}{5} < \sqrt{5} < 2{,}3$			
Die Wurzel aus dem Produkt einer positiven und einer negativen Zahl ist negativ.			
Wenn eine Zahl durch 2 und 4 teilbar ist, dann ist diese auch durch 8 teilbar.			

Terme und Gleichungen	wahr	falsch	Punkte
Für den Umfang u eines Drachenvierecks mit den Seitenlängen x und y gilt: $u = 2x + 2y$.			
$3 \cdot 3 \cdot 3 \cdot 3 = 4^3$ und $\sqrt[5]{6} - \sqrt[2]{6} = \sqrt[3]{6}$			
$\frac{4}{x} = \frac{x}{16}$ $L = \{8\}$			
$x - (x - 3)(x + 3) = 18 - x^2$ $L = \{27\}$			
„Ben ist doppelt so alt wie Jan." Es gilt: $2x$ ist das Alter von Ben. x ist das Alter von Jan.			

Zuordnungen	wahr	falsch	Punkte
Der Graph einer antiproportionalen Zuordnung ist ein Hyperbelast.			
Zahlenpaare antiproportionaler Zuordnungen sind zueinander quotientengleich.			
Die Zuordnung *Anlauflänge* → *Sprungweite* beim Weitsprung ist proportional.			
Reicht ein Futtersack 12 Tage für 4 Pferde, so reicht er 16 Tage für 3 Pferde.			
Wenn 100 g Schokolade 0,99 € kosten, sollten 120 g ohne Rabatt 1,19 € kosten.			

Lineare Funktionen	wahr	falsch	Punkte
Der Punkt $P(-2\|2)$ liegt auf dem Graphen der Funktion $y = 2x - 6$.			
Der Graph der Funktion $f(x) = 3$ verläuft parallel zur y-Achse.			
Die Zuordnung *Anzahl der Maler* → *Zeit zum Streichen einer Mauer* ist linear.			
Eine Gerade, die durch die Punkte $S(1\|2)$ und $T(-3\|0)$ verläuft, hat die Steigung $m = -1$.			
Der Graph einer linearen Funktion verläuft durch die Punkte $P(1\|2)$, $Q(3\|4)$ und $R(5\|8)$.			

Lineare Gleichungssysteme	wahr	falsch	Punkte
Haben zwei Geraden unterschiedliche Steigung, so schneiden sich diese.			
Lineare Gleichungssysteme besitzen nie genau zwei Lösungen.			
Das Gleichungssystem I $2x + y = 3$; II $x = y + 3$ kann grafisch gelöst werden.			
Das Gleichungssystem I $x + y = 19$; II $y = x + 1$ hat die Lösung $x = 9$; $y = 10$.			
Die Lösungsmenge des Gleichungssystems I $y = 2x + 5$; II $2y = 2x - 4$ ist leer.			

Quadratische Funktionen und Gleichungen	wahr	falsch	Punkte
Die einzige Lösung der Gleichung $3x^2 + 36x - 39 = 0$ ist 1.			
Der Graph der Funktion $y = 2(x - 4)^2 + 3$ hat den Scheitelpunkt $S(4\|3)$.			
Der Graph der Funktion $y = -5x^2$ ist punktsymmetrisch zum Ursprung.			
Quadratische Gleichungen können nie genau eine Lösung besitzen.			
Der Punkt $P(0\|0)$ liegt auf dem Graphen jeder Funktion der Form $y = a(x - b)^2$.			

Potenzen, Potenz- und Exponentialfunktionen	wahr	falsch	Punkte
$7 \cdot 7 \cdot 7 \cdot 7 \cdot 7 \cdot 7 \cdot 7 + 7^2 - 7^3 : 7 = 7^7$			
Der Graph der Funktion $f(x) = x^3$ ist punktsymmetrisch zum Koordinatenursprung.			
Der Graph der Funktion $f(x) = 3x^6$ ist punktsymmetrisch zum Koordinatenursprung.			
Der Graph der Funktion $f(x) = 3^x$ geht durch den Punkt $A(0\|1)$.			
Die Exponentialfunktion $f(x) = 2^x$ hat genau eine Nullstelle.			

Dreiecke und Winkelfunktionen	wahr	falsch	Punkte
In einem rechtwinkligen Dreieck mit $\gamma = 90°$ gilt: $c^2 = a^2 \cdot b^2$.			
Die Innenwinkelsumme im Dreieck beträgt 180°.			
Sinus eines Winkels = Gegenkathete : Hypotenuse			
Die Sinusfunktion nimmt nur Funktionswerte von -1 bis $+1$ an.			
Die Funktionswerte von Sinus- und Kosinusfunktion wiederholen sich nach einem Intervall der Länge π.			

Geometrie in der Ebene – Vielfältige Aufgaben	wahr	falsch	Punkte
Jede Raute ist ein Parallelogramm.			
Ist u der Umfang eines Parallelogramms mit den Seiten a und b, so gilt: $b = u - \frac{1}{2}a$.			
Für den Flächeninhalt A eines Kreisrings mit den Radien r_a und r_i gilt: $A = \pi \cdot (r_a - r_i)^2$.			
Die Diagonalen einer Raute stehen senkrecht aufeinander.			
Ein Quadrat mit 2 cm langen Seiten hat einen größeren Flächeninhalt als ein Kreis mit dem Radius $r = 2\,\text{cm}$.			

Geometrie im Raum – Vielfältige Aufgaben	wahr	falsch	Punkte
$100\,\text{l} = 1\,\text{m}^3$			
Die Körpernetze quadratischer Pyramiden bestehen aus fünf Flächen.			
Ein 25 m langes, 10 m breites und 20 dm tiefes Becken fasst 5 000 000 l Wasser.			
Ein Zylinder mit dem Radius $r = 1\,\text{cm}$ und der Höhe $h = 10\,\text{cm}$ hat ein Volumen von ca. $10\,\text{cm}^3$.			
Das Volumen eines Würfels mit der Kantenlänge $a = 2\,\text{cm}$ ist größer als das einer Kugel mit dem Durchmesser $d = 2\,\text{cm}$.			

Daten	wahr	falsch	Punkte
Der Zentralwert der folgenden Datenreihe ist 7. 4; 5; 6; 7; 8; 9; 15			
Das arithmetische Mittel der folgenden Daten ist 8. 4; 5; 6; 6; 10; 11			
Der Zentralwert einer Datenreihe ist stets kleiner als das arithmetische Mittel.			
Das arithmetische Mittel von Maximum und Minimum ist der Zentralwert.			
Das Ergebnis einer Umfrage hängt auch von der Formulierung der Fragen ab.			

Zufall	wahr	falsch	Punkte
Bei Laplace-Experimenten ist die Wahrscheinlichkeit für ein Ereignis immer $\frac{1}{2}$.			
Die Wahrscheinlichkeit, mit einem Wurf eine Primzahl zu würfeln, ist $\frac{1}{2}$.			
Die Wahrscheinlichkeit für ein unmögliches Ereignis ist 0.			
Die Wahrscheinlichkeit, dass bei zwei Münzwürfen mindestens einmal „Zahl“ geworfen wird, ist $\frac{3}{4}$.			
Würfelt man achtmal hintereinander eine „6“, so sinkt die Wahrscheinlichkeit für eine „6“ beim folgenden Wurf.			

Prozent- und Zinsrechnung

Prozentangaben werden häufig genutzt, um Verteilungen oder Anteile anzugeben. Kenntnisse zur Prozentrechnung sind dadurch in vielen Zusammenhängen anzuwenden. Zahlreiche dieser Aufgaben lassen sich schnell mithilfe der Grundgleichung der Prozentrechnung bzw. der Zinsrechnung lösen.

Test zu den Grundfertigkeiten

1 Notiere die entsprechenden Brüche.

A 1 % = ________ B 100 % = ________

C 40 % = ________ D 5 % = ________

2 In welchen Abbildungen sind 25 % blau?

A
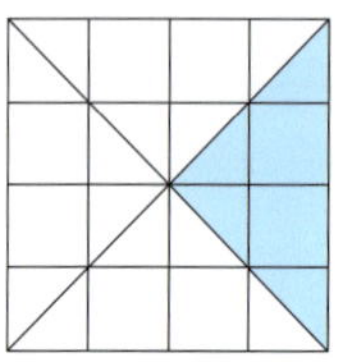

B
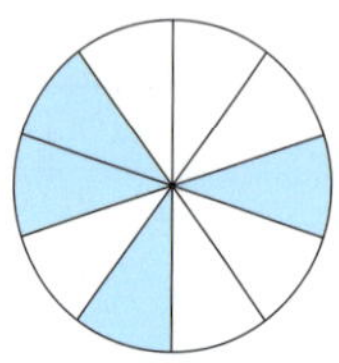

C
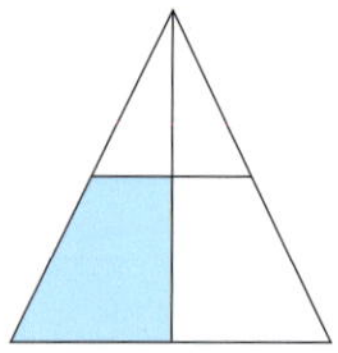

D
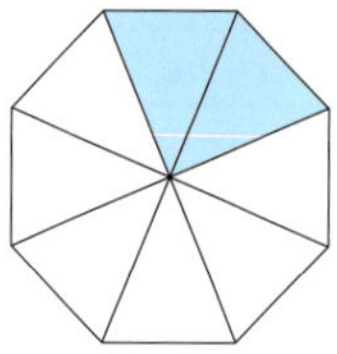

3 Gib $\frac{3}{5}$ in Prozent an.

____

4 Auf welche Schule bezieht sich die Aussage?

Schule	Schülerinnen und Schüler	Aussage
Hertz	800	
Einstein	600	
Fontane	700	
Adenauer	400	

a) 20 % der Schülerinnen und Schüler tragen Zeitungen aus. Das sind 120 Jugendliche.
b) 10 % kommen mit dem Bus zur Schule. Das sind 40 Schülerinnen und Schüler.
c) 350 Mädchen, das sind 50 % der Schülerschaft.

5 Wie viel Prozent sind 35 kg von 700 kg?

A 0,5 % B 5 kg
C 5 % D 50 %

6 75 m sind …

A 5 % von 1500 m B 20 % von 375 m
C $\frac{1}{5}$ von 300 m D 120 % sind 90 m

7 Für 1250,00 € erhält Lea p. a. 87,50 € Zinsen.

A $p = 3{,}5\,\%$ B $p = 1{,}7\,\%$
C $p = 7\,\%$ D $p = 0{,}7\,\%$

8 Nur heute gibt es 15 % Rabatt. Wie teuer ist morgen die Hose, die heute 46,75 € kostet?

A 39,74 € B 61,75 €
C 53,76 € D 55,00 €

9 Max hatte eine Mütze für 5,00 € gekauft und diese für 12,00 € verkauft. Wie hoch ist sein Gewinn?

A 140 % B 240 %
C 41,6 % D 71,4 %

10 Die Kanten eines Würfels werden verdoppelt. Auf das Wievielfache steigt das Volumen?

A 200 % B 400 %
C 600 % D 800 %

11 Welche blau angegebenen Ergebnisse stimmen?

	Kapital	Zinssatz	Anlagezeit	Zinsen
A	2880,00 €	5 % p. a.	50 Tage	20,00 €
B	160,00 €	1,8 % p. a.	3 Monate	7,20 €
C	576,00 €	1,5 % p. a.	3 Jahre	25,92 €
D	495,75 €	2 % p. a.	9 Monate	7,44 €

9 bis 11 Aufgaben sind richtig. Deine Grundfertigkeiten sind gut.
7 bis 8 Aufgaben sind richtig. Deine Grundfertigkeiten sind befriedigend.
Weniger als 7 Aufgaben sind richtig. Deine Grundfertigkeiten sind noch nicht ausreichend.

Literaturhinweis: Mathematik in Übersichten S. 65 ff. und S. 71 ff.

Aufgaben zum Trainieren

Aufgabe 1

Paula berechnet das Nettogehalt, um zu ermitteln, wie viel Euro ihr monatlich zur Verfügung stehen.

Bruttogehalt	689,00 €
Abzüge	
Pflegeversicherung (ca. 1 %)	– 6,89 €
Krankenversicherung (_____ %)	– 56,50 €
Arbeitslosenversicherung (1,4 %)	– _____ €
Rentenversicherung (ca. 10 %)	– _____ €
Nettogehalt	_____ €

a) Gib den prozentualen Anteil des Beitrags für die Krankenversicherung vom Bruttogehalt an.

b) Berechne Paulas monatliches Nettogehalt.

c) In einem Internetforum steht: „Auszubildenden werden monatlich ca. 20 % vom Bruttogehalt für Sozialabgaben abgezogen."
Bewerte diese Aussage.

d) Wer jährlich mehr als 7664,00 € netto verdient, hat Lohnsteuer zu zahlen.
Muss Paula Lohnsteuer abführen?

Aufgabe 2

Der Familienbetrieb Janke plant die Anschaffung eines Autos im Wert von 12 000,00 €. Dieses Auto wird für drei Jahre benötigt. Es stehen für diesen Zeitraum drei Finanzierungsmodelle zur Wahl.

Angebot A: Kreditkauf mit einer Anzahlung von 30 % des Kaufpreises, 36 Raten zu je 270,00 € und ein nach 3 Jahren vereinbarter Wiederverkauf für 5500,00 €

Angebot B: Barkauf mit 2 % Skonto und ein nach 3 Jahren angestrebter Wiederverkauf für 5500,00 €

Angebot C: Leasing für 3 Jahre bei Zahlung von 40 % des Kaufpreises und 36 Raten zu je 110,00 €

a) Wie viel Euro würde das Auto den Familienbetrieb insgesamt jeweils am Ende der drei Jahre gekostet haben? Berücksichtige den Kaufpreis sowie den angestrebten Wiederverkaufspreis.

b) Familie Janke möchte aufgrund finanzieller Engpässe im ersten Jahr möglichst wenig Geld für das Auto ausgeben.
Welches Angebot ist dann empfehlenswert?

Aufgabe 3

Der Vater von Antje legt an ihrem zehnten Geburtstag 1000,00 € an. Das Guthaben wird mit 3,5 % p. a. verzinst. Ihr großer Bruder berechnet, wie viel Geld daraus bis zum 15. Geburtstag wird, wenn nichts zusätzlich eingezahlt und nichts abgehoben wird.

D3 ▾ fx

	A	B	C	D
1	Jahr	Zinsen in %	Kapital in €	Zinsen in €
2	1	3,5	1000	35
3	2	3,5	1035	
4	3	3,5		
5	4	3,5		
6	5	3,5		

a) Mit welcher Formel lassen sich die Zinsen in Zelle D3 berechnen?

b) Gib eine Formel zur Berechnung des Wertes in Zelle C4 an.

c) Welche Werte sollten in den Zellen C6 und D6 stehen?

Aufgabe 4

Ferienmeldungen

Zwei Drittel aller Schüler verreisen in den Ferien mit ihren Eltern. Voriges Jahr waren es mit 70% etwas weniger.

Jeder sechste Schüler (6%) ist mit dem Reiseziel der Eltern nicht einverstanden.

Jeder dritte Zehntklässler kannte den Urlaubsort bereits von vorhergegangenen Reisen. Letztes Jahr war es nur jeder vierte.

Ein Zwanzigstel der Zehntklässler verreiste über vier Wochen, bei den Neuntklässlern sind es nur 4% gewesen.

a) Welche dieser Meldungen enthalten mathematische Fehler? Markiere diese.

b) Korrigiere den mathematischen Fehler in einer Meldung. Begründe deinen Korrekturvorschlag.

Zahlen und Größen

Jede Größenangabe besteht aus Zahlenwert und Einheit. Man verwendet vor allem SI-Einheiten wie z. B. Meter. SI steht für internationales Einheitensystem. Jede Länge – Erdumfang, Dicke eines Haars, ... – kann damit in Verbindung mit einer Zahl angegeben werden.

Test zu den Grundfertigkeiten

1 Bei welchen Einheiten verwendet man folgende Vorsätze? Kilo … für Tausend; Dezi … für Zehntel; Milli … für Tausendstel

A Meter | B Tonne

C Stunde | D Gramm

2 Markiere die wahren Aussagen.

a)

A $4\,kg = 4000\,g$ | B $0{,}75\,m = 75\,mm$

C $1{,}5\,h = 150\,min$ | D $400\,cm^2 = 4\,m^2$

b)

A $1{,}4 \cdot 10^3\,g = 1{,}4\,kg$ | B $1{,}7 \cdot 10^3\,kg = 1700\,kg$

C $6 \cdot 10^6\,mm = 6\,km$ | D $1{,}5 \cdot 10^{-3}\,m = 1500\,mm$

3 Markiere die wahren Aussagen.

A $9{,}789\,kg \approx 9{,}79\,kg$ | B $5{,}475\,m \approx 5{,}48\,m$

C $0{,}999\,m^2 \approx 1{,}00\,m^2$ | D $6{,}809\,t \approx 6{,}80\,t$

4 Markiere die wahren Aussagen.

A $31899\,mm \approx 31\,m$ | B $6789\,s \approx 19\,h$

C $8700\,h \approx 1$ Jahr | D $43210\,g \approx 43\,kg$

5 Setze jeweils eine passende Einheit ein.

a) Elefant Kalam wiegt 4 ________.

b) Ein Klassenraum ist 15 ________ lang.

6 Schätze die Größe dieser Doppelseite 8/9.

A ca. $125\,cm^2$ | B ca. $1250\,cm^2$

C ca. $12{,}5\,dm^2$ | D ca. $125\,dm^2$

7 Gib den Nachfolger von 1 099 099 an. ________________

8 Schätze, wie viele Vögel zu sehen sind.

A ca. 120 Vögel | B ca. 580 Vögel

C ca. 200 Vögel | D ca. 700 Vögel

9 Wie viele verschiedene dreistellige natürliche Zahlen kann man mit den Ziffern 5, 7 und 9 bilden, wenn jede nur einmal verwendet werden darf?

A 2 | B 4

C 6 | D 8

10 Welche Aussagen sind wahr?

A $\pi \approx 1{,}34$ | B $1{,}6 = 1\frac{3}{5}$

C $7\frac{2}{3} \approx 7{,}67$ | D $1{,}4 = \frac{1}{4}$

11 Kreuze die wahren Aussagen an.

A Die Quersumme von 413 ist 8.

B 1 % von $1\,cm^2$ ist $1\,dm^2$.

C π ist eine irrationale Zahl.

D Ein Liter Wasser passt in ein ein Kubikdezimeter großes Gefäß.

12 Vergleiche.

$0{,}36\,m$ ____ $360\,mm$ $\qquad$ $0{,}7\,m^3$ ____ $70\,cm^3$

10 bis 12 Aufgaben sind richtig. Deine Grundfertigkeiten sind gut.
7 bis 9 Aufgaben sind richtig. Deine Grundfertigkeiten sind befriedigend.
Weniger als 7 Aufgaben sind richtig. Deine Grundfertigkeiten sind noch nicht ausreichend.

Literaturhinweis: Mathematik in Übersichten S. 5 f., S. 9 ff., S. 15 ff., S. 24 ff. und S. 29 ff.

Aufgaben zum Trainieren

Aufgabe 1

Löse die folgenden Aufgaben. Nimm gegebenenfalls eine Formelsammlung zu Hilfe.

a) Ordne nach Größenangaben mit Einheiten der Zeit, der Masse, des Geldes, der Länge, der Fläche und des Volumens. Rechne – sofern möglich – jeweils in die nächstgrößere Einheit um.

20 dm;	6 h;	780 m;
280 cm^3;	4 s;	250 g;
60 000 ct;	500 kg;	100 cm;
1800 cm^2;	25 ml;	25 min;
95 mg;	540 mm;	4 a;
7,85 mm^3;	3,50 €	

b) Ordne. Beginne mit dem kleinsten Wert.

0,5 s; $\frac{3}{4}$ min; 40 s; $\frac{3}{4}$ Jahr;

8 Monate; $\frac{3}{4}$ h; 50 Wochen

c) Setze passende Größenangaben aus Teilaufgabe a) ein.

① Die durchschnittliche Zeit zwischen zwei Atemzügen bei Menschen beträgt etwa …

② Die Masse dieses Arbeitsheftes mit beigelegten Lösungen beträgt etwa …

③ Wenn zwei bis drei Schachteln pro Woche geraucht werden, betragen die Kosten für Zigaretten im Jahr etwa …

④ Viele Türen von Räumen sind etwa … hoch.

⑤ Für die Herstellung eines Fußballs werden mindestens … Leder benötigt.

⑥ Fast jeder besitzt eine große Tasse mit einem Volumen von etwa …

Aufgabe 2

Lass dich nicht durch unterschiedliche Schreibweisen verwirren.

a) Ordne nach der Größe.

① 3^2; 2^3; 3^0; 3^{-1}; 3^{-2}; 2^{-3}; 2,3; 3,2

② $3\frac{2}{5}$; -4; $-0{,}85$; $-\pi$; $\sqrt{2}$; $3{,}3 \cdot 10^{-3}$

③ $3 \cdot 10^{-2}$; 0,33; $\sqrt[3]{27}$; $3 \cdot 10^2$; $\sqrt{27}$

④ 0,74 dm^2; 24 dm^2; 0,02 m^2; $\frac{1}{2}$ m^2; 8,13 dm^2

⑤ $0{,}2 \cdot 10^2$ mm^3; 2 cm^3; $2 \cdot 10^{-3}$ m^3; $2 \cdot 10^{-9}$ km^3; 2 dm^3

b) Bestimme jeweils das Ergebnis.

① 0,7 kg + 275 g + 3000 mg = … g

② $5 \cdot 10^2\ cm^2 + 7 \cdot 10^8\ mm^2 - 2{,}1\ dm^2 = \ldots\ m^2$

③ Faultier: $0{,}146 \frac{km}{h} \approx \ldots \frac{m}{s}$

④ $65\,000\,000\ km \cdot 360 = \ldots \cdot 10^{10}\ km$

⑤ $2{,}3 \cdot 10^{-2}\,m - 1{,}2 \cdot 10^3\,m + 1{,}6 \cdot 10^5\,mm = \ldots\ m$

Aufgabe 3

Beurteile folgende Aussagen.

a) Zwischen 98 und 79 liegen genau 19 natürliche Zahlen.

b) 9 ist Teiler von 129, weil 9 die letzte Ziffer von 129 ist.

c) Wenn eine Zahl durch 15 teilbar ist, so ist sie auch durch 3 und 5 teilbar.

d) Treffen sich zum Training zwei Gruppen mit jeweils einer ungeraden Anzahl an Personen, so kann stets paarweise trainiert werden.

e) Genau drei Primzahlen sind kleiner als 10.

f) Wenn der Zähler des Bruchs kleiner als sein Nenner ist, dann ist der Wert des Bruchs kleiner als 1.

g) Es gibt Zahlen, die man nicht als Bruch aufschreiben kann.

h) Zwei Zahlen haben den gleichen Betrag, wenn sie auf der Zahlengeraden den gleichen Abstand zur Null haben.

i) Weil Tina schneller als Toni ist und Toni langsamer als Tanja ist, ist Tanja langsamer als Tina.

j) Die Gegenzahl von 7,1 ist 1,7.

Aufgabe 4

Rechne mit abgetrennten Zehnerpotenzen.

a) Rund $1{,}39 \cdot 10^6$ km beträgt der Durchmesser der Sonne. Berechne ihr Volumen.

b) Der Radius der Erde beträgt rund $6{,}4 \cdot 10^3$ km. Berechne das Volumen und den Oberflächeninhalt der Erde.

c) Eine Strecke hat eine Länge von einem Lichtjahr, wenn das Licht ein Jahr benötigt, um diese zurückzulegen. Die Lichtgeschwindigkeit im Vakuum beträgt rund $3 \cdot 10^8 \frac{m}{s}$.
Wie viel Kilometer ist ein Lichtjahr lang?

Terme und Gleichungen

Zahlreiche Sachverhalte lassen sich mithilfe von Termen und Gleichungen ausdrücken. Beim Lösen von fast jeder Mathematikaufgabe wird bewusst oder unbewusst damit gearbeitet. Wiederhole deshalb bewusst die Regeln für Termumformungen und die äquivalenten Umformungen für das Lösen von Gleichungen.

Test zu den Grundfertigkeiten

1 Berechne den Wert des Terms $\frac{4,8}{6 \cdot 2,2} - 1,2$. Runde auf Hundertstel.

A $0,56$ B $-0,84$

C $0,83$ D $-0,83$

2 Welchen Wert nimmt der Term $\frac{(a+b) \cdot \sqrt{c}}{a \cdot (b+c)}$ für $a = 3,75$; $b = -5$ und $c = 4,89$ an? Runde.

A $19,51$ B $-15,05$

C $6,70$ D $-6,80$

3 Welche der Ausdrücke sind zur Bestimmung des Umfanges u dieser Heftseite geeignet?

A $u = a + a + b + b$ B $u = 2 \cdot (a + b)$

C $u = 2 \cdot 21 + 2 \cdot 29,7$ D $u = 21 \cdot 29,7$

4 „Bilde die Differenz der Quadrate der Zahlen a und b.“ Welche Terme passen dazu?

A $(a-b)^2$ B $(a-b) \cdot (a+b)$

C $a^2 : b^2$ D $a^2 - b^2$

5 Es sei $y = 2a + b$ und $z = 3b$.
Berechne nacheinander ① die Summe, ② das Produkt und ③ die Differenz von y und z.

① ______________________________

② ______________________________

③ ______________________________

6 Welche Vereinfachungen sind richtig?

A $\frac{8}{7}b + \frac{5}{7} - \frac{8}{7}$
$= \frac{5}{7}$

B $\frac{6a - 81}{3}$
$= 2a - 27$

C $e + ef - 8e$
$= ef - 7e$

D $-9(3 + x)$
$= -27 - 9x$

7 Welche Umformungen sind richtig?

A $14(a + 14)$
$= 14a + 196$

B $-7x(x - 14)$
$= -7x^2 - 98x$

C $6b^2 + 18b$
$= 6b(1 + 3)$

D $z^2 - 6z + 9$
$= (z - 3)^2$

8 Stelle die Gleichung $u = 2(a + b)$ nach b um.

A $b = 2u - a$ B $b = \frac{u}{2a}$

C $b = (u - 2a) : 2$ D $b = 2 \cdot a - u$

9 Finde mithilfe des Taschenrechners heraus, welche der Zahlen Lösungen der Gleichung sind.
$x^2 + 3(2x - 4) + 6 + 4x = 32 - (8 - x) + 4x + x^2$

A 150 B $\frac{1}{6}$

C -6 D 6

10 Gib alle natürlichen Zahlen an, die Lösungen der folgenden Ungleichung sind.
$24(2 - 3x) > 8(3 - 2x) + 8$

A $L = \mathbb{N}$ B $L = \{\ \}$

C $L = \{0\}$ D $L = \{-1; 0\}$

11 Welche Seitenlängen können Rechtecke haben, die sich aus einem 96 cm langen Draht biegen lassen?

A 4,8 dm und 4,8 dm B 40 cm und 8 cm

C 25,5 cm und 22,5 cm D 10 mm und 96 cm

12 Ermittle alle Terme, die für die Berechnung der Summe der Kantenlängen geeignet sind.

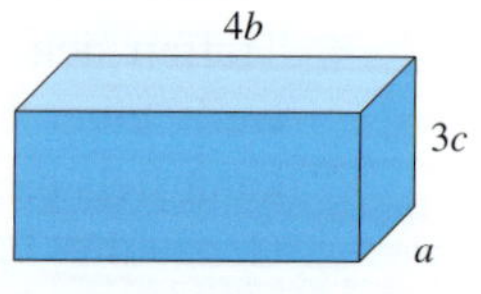

A $4(a + 4b + 3c)$ B $4a + 16b + 12c$

C $12(a + b + c)$ D $2(a + 4b + 3c)$

9 bis 12 Aufgaben sind richtig. Deine Grundfertigkeiten sind gut.
7 bis 8 Aufgaben sind richtig. Deine Grundfertigkeiten sind befriedigend.
Weniger als 7 Aufgaben sind richtig. Deine Grundfertigkeiten sind noch nicht ausreichend.

Literaturhinweis: Mathematik in Übersichten S. 39 ff. und S. 50 ff.

AUFGABEN ZUM TRAINIEREN

AUFGABE 1

Beschreibe Flächeninhalte mithilfe von Termen.

a) Welche Terme geben den Flächeninhalt der blauen Fläche an?

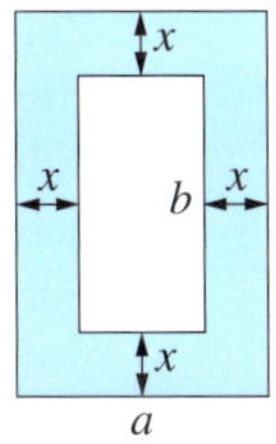

A $2 \cdot a \cdot x + 2 \cdot b \cdot x$

B $x^2 + b^2 + a^2$

C $a \cdot (b + 2x) - b \cdot (a - 2x)$

D $2 \cdot [(b + 2x) \cdot x + (a - 2x) \cdot x]$

Begründe deine Antworten – ohne Rechnung.

b) Gib jeweils zwei Terme an, die den Flächeninhalt der blauen Fläche der Figuren beschreiben.

①

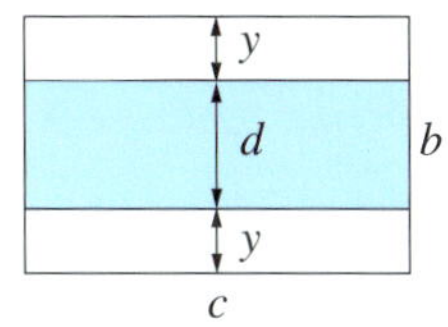

②

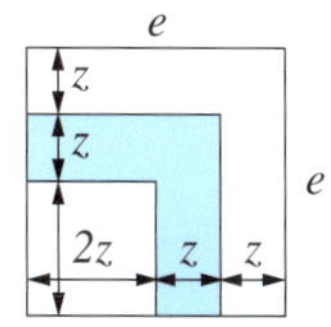

Zeige mithilfe von Termumformungen, dass deine beiden Terme gleichwertig sind.

AUFGABE 2

Löse die folgenden Aufgaben.

a) Gib jeweils das Ergebnis an.

① $\left(1{,}1 \cdot 0{,}9 : (-1) - \frac{2}{3}\right) : \left(2 - 1{,}5 - \frac{1}{2}\right)$

② $0{,}7 + \frac{1}{4} : 0{,}4 - 0{,}04 : 0{,}2$

③ $\frac{2}{3}$ von 6 kg plus $\frac{2}{3}$ von $\frac{3}{8}$ kg

④ die Hälfte von einem Drittel

⑤ Differenz von $-1{,}25$ und $1\frac{2}{5}$

b) Vereinfache die Terme so weit wie möglich.

① $\frac{1}{7} \cdot (21 + 35a)$

② $-b(8b - 9y + 5)$

③ $\left(\frac{1}{3} + c\right) \cdot \left(\frac{2}{5} - y\right)$

④ $(-0{,}04d - 9)^2$

⑤ $3e - (6y + 0{,}1) \cdot (10 - 0{,}2y)$

⑥ $87 - 13t^2 + 4t - 8t^3 - 8 + 13t^2$

⑦ $\frac{7a}{15} - \frac{3a}{5} - \frac{4s}{3}$

c) Markiere alle Fehler und ermittle die Lösung.

$(3a - 2) \cdot (4a - 7) = 12a^2 - 14$

$12a^2 + 14 - 8a = 12a^2 - 14$

$-8a = 0$

$a = 0$

d) Schreibe als Produkt.

① $9 - a^2$

② $4b^2 - 36$

③ $9c^2 + 42c + 49$

④ $0{,}81d^2 - 0{,}01f^2$

e) Gib jeweils die Lösungsmenge an ($x \in \mathbb{R}$).

① $6 - 5x = x + 8$

② $11x - 24 = 6 + x$

③ $8 + x : 5 = 10$

④ $(x - 9) : 0{,}5 = 5x$

⑤ $(x - 9) \cdot (x + 9) = -80$

⑥ $5x - (11x - 3)^2 = 25 - 121x^2$

⑦ $4 \cdot (0{,}2x - 2) - 2 \cdot \left(0{,}5 - \frac{x}{2}\right) + 3x = 0$

f) Stelle die Gleichungen nach r um.
Gib jeweils an, wofür die Formel gilt.

① $d = 2 \cdot r$

② $u = 2 \cdot r \cdot \pi$

③ $A = \pi \cdot r^2$

④ $V = \pi \cdot r^2 \cdot h$

⑤ $V = \frac{4}{3}\pi \cdot r^3$

g) Stelle nach I um.

① $R = \frac{U}{I}$

② $P = U \cdot I$

③ $W = U \cdot I \cdot t$

h) Für welche x ist der Term $\sqrt{x}$ nicht definiert.

AUFGABE 3

Isabellea zieht um. Sie will sich von ihrer Klasse mit ihrem Lieblinkskonfekt verabschieden. Es wird in unterschiedlich großen Verpackungen angeboten. 250 g gibt es für 2,99 €, 750 g für 9,99 € und 1500 g für 17,99 €.

a) Ermittle den günstigsten Preis für 4 kg Konfekt.

b) Wie viel Konfekt kann sie für 30,00 € kaufen?

Aufgabe 4

Die freiwillige Feuerwehr von Flausen möchte an der Giebelwand ihres Spritzenhauses ein 2 m hohes rotes F anbringen. Damit es auch nachts sichtbar ist, soll am Buchstabenrand ein Lichtschlauch befestigt werden.

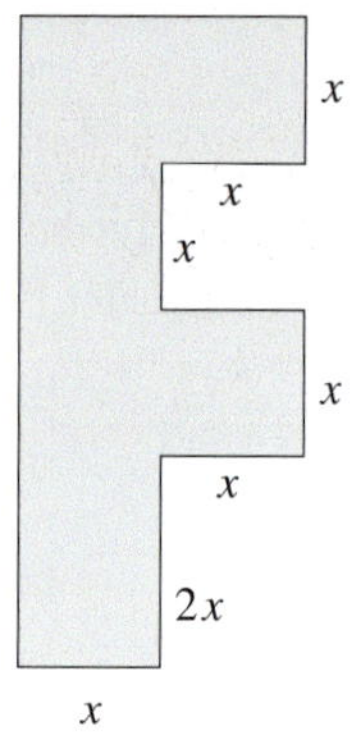

a) Zeichne den Buchstaben F für $x = 1{,}5$ cm. Bestimme den Umfang u und den Flächeninhalt A der gezeichneten Figuren.

b) Zeige mithilfe einer Zeichnung, dass für den Flächeninhalt A gilt: $A = 7x^2$.

c) Gib eine Formel zur Berechnung des Umfangs u der Figur an.

d) Für wie viele Quadratmeter benötigt die Feuerwehr rote Farbe? Wie lang sollte ihr Lichtschlauch mindestens sein?

Aufgabe 5

Drei Bauklötze, die quaderförmig sind, wurden in unterschiedlichen Maßstäben gezeichnet.

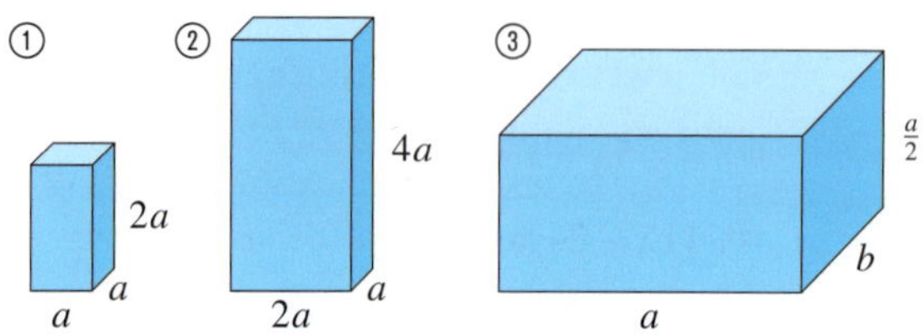

a) Gib die Summe der Kantenlängen, den Oberflächeninhalt und das Volumen mit je einem Term an. Vereinfache ihn soweit wie möglich.

b) Kann aus derartigen Bauklötzen ein Würfel mit einer Kantenlänge von $4a$ gelegt werden? Begründe deine Meinung.

Aufgabe 6

Setze dich mit dem Ausschnitt aus einem Bericht auseinander.

Bei einer Geschwindigkeitskontrolle auf der A 3 stellte die Polizei fest, dass jedes zweite Auto zu schnell fuhr: 25 % mehr als 15 $\frac{km}{h}$ und $\frac{1}{5}$ mehr als 20 $\frac{km}{h}$.

Überschreitung in $\frac{km}{h}$	0	< 10	< 15	< 20	> 20
Anzahl	24	33	25	13	5

a) Überprüfe, ob die Aussagen im Bericht links mit der rechten Tabelle der Polizei übereinstimmen.

b) Wie groß ist der Anteil der Geschwindigkeitsüberschreitungen unter 10 $\frac{km}{h}$?

Aufgabe 7

Löse folgende Aufgaben. Stelle dazu entsprechende Terme und Gleichungen auf.

a) Pascal und seine Mutter sind heute zusammen 65 Jahre alt. Die Mutter war vor zehn Jahren genau viermal so alt wie ihr Sohn.
Wie alt sind die beiden heute?

b) Tobias startet um 7:30 Uhr. Er fährt mit einer Geschwindigkeit von 20 $\frac{km}{h}$ zur Schule. Um 7:50 Uhr bemerkt seine Mutter, dass Tobias seine Sportsachen vergessen hat. Sie fährt mit dem Auto mit 60 $\frac{km}{h}$ hinterher.
Wie spät ist es, als die Mutter Tobias einholt?
Wie viele Kilometer ist Tobias bereits gefahren?

c) Ein Rechteck ist doppelt so lang wie breit.
Der Umfang des Rechtecks beträgt 204 cm.
Gib die Größen der Innenwinkel und die Längen der Seiten an.

d) Ein Fußball hat einen Durchmesser von 22 cm. Für die Anfertigung müssen 25 % mehr Material für Nähte und Verschnitt bereitgestellt werden, als der Oberflächeninhalt beträgt.
Wie viel Quadratmeter Leder werden benötigt?

e) Wiegt ein Paket beim Versand weniger als 10 kg, so müssen 6,90 € Porto bezahlt werden. Wiegt es zwischen 10 kg und 20 kg beträgt das Porto 9,90 €.
Eine Schule benötigt 30 der 600 g schweren Bücher. Der Buchhändler möchte in einen Versandkarton 20 Bücher packen und in einen zweiten Karton die restlichen 10 Bücher.
Bewerte das Vorgehen des Buchhändlers.
Begründe deine Meinung.

AUFGABE 8

2500,00 € Abwrackprämie

Im Jahr 2009 konnten Autokäufer, die ein mindestens neun Jahre altes Auto verschrotten ließen, das ihnen wenigstens ein Jahr lang gehört hatte, eine Abwrackprämie in Höhe von 2500,00 € beantragen. Ziel war es, damit die Wirtschaft anzukurbeln.

Bis Anfang Mai 2009 wurden dadurch in Deutschland 182 100 Autos verschrottet. Das am häufigsten im Zuge der Abwrackprämie verschrottete Fahrzeug war der VW Golf. Insgesamt 19 400 VW Golf wanderten bis Anfang Mai 2009 deutschlandweit in die Presse. Auf Rang zwei folgte der Opel Corsa mit 14 500 Fahrzeugen, auf Rang drei der Opel Astra mit 12 000 und auf Rang vier der VW Polo mit rund 10 000 Fahrzeugen.

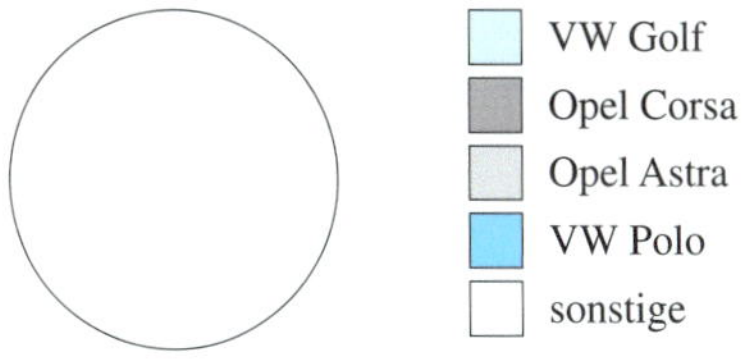

Im Jahr 2009 kaufte sich Familie Müller einen Neuwagen, der 19 900,00 € kosten sollte. Ihr zwölf Jahre altes Auto wurde verschrottet, deshalb zog der Autohändler vom Ausgangspreis zunächst die Abwrackprämie ab. Nach Abzug der Abwrackprämie gewährte er zusätzlich einen Nachlass von 20 %.

a) Isabella sagt:
„Das Auto kostete letztlich 13 420 €.
19 900 € · 0,8 = 15 920 €
15 920 € – 2500 € = 13420 €"
Anna sagt:
„Die Familie zahlte nur 13 920 € für das Auto.
19 900 € – 2500 € = 17 400 €
17 400 € · 0,8 = 13 920 €"
Nimm zu den Behauptungen begründet Stellung.

b) Gib den Anteil der VW Golf an den deutschlandweit bis Mai 2009 mit der Abwrackprämie verschrotteten Autos in Prozent an.
Notiere deine Rechnung.

c) Welches der Kreisdiagramme stand vermutlich unter dem Foto, da es den Sachverhalt richtig darstellt? Begründe deine Entscheidung.

A
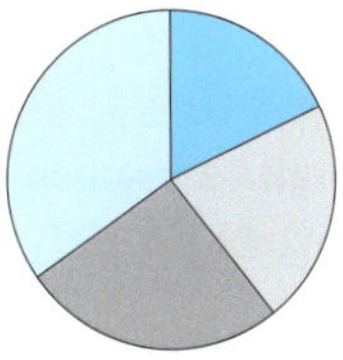

B
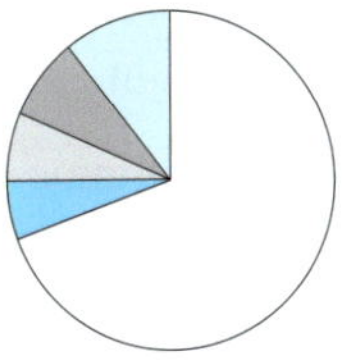

C
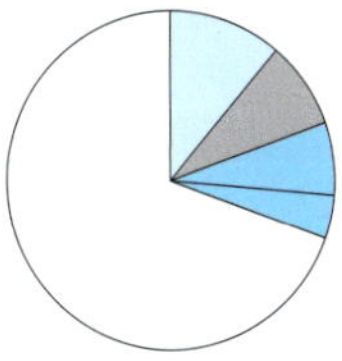

D
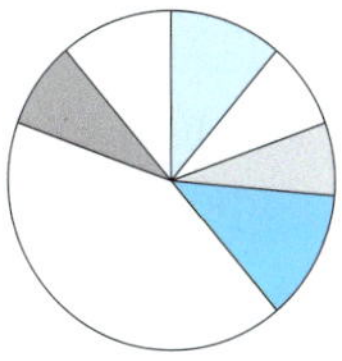

AUFGABE 9

Pfeffergrill

Currywurst	*2,30 €*	*Pommes*		*Cola*	*1,30 €*
Frikadelle	*2,00 €*	*klein*	*1,40 €*	*Fanta*	*1,30 €*
Mayo oder Ketchup	*0,30 €*	*groß*	*2,10 €*	*Wasser*	*1,00 €*

Mittwoch ist Ruhetag!

a) Jakob hat 3,70 € zu zahlen. Er gibt dem Verkäufer einen 10-€-Schein.
Wie viel bekommt er zurück?

b) Frau Hannen, die Besitzerin des Pfeffergrills, möchte den Preis für eine Frikadelle von 2,00 € auf 2,20 € erhöhen.
Um wie viel Prozent würde der Preis für eine Frikadelle steigen? Notiere deine Rechnung.

c) Wie viel kostet eine Currywurst mit einer kleinen Portion Pommes und Mayo beim Imbiss Pfeffergrill? Notiere deine Rechnung.

d) Stelle ein Essensangebot für insgesamt fünf Personen für maximal 25,00 € zusammen.
Wähle pro Person aus jeder Spalte mindestens ein Produkt. Biete jeder Person eine andere Zusammenstellung an.

Zuordnungen

Zuordnungen begegnen uns in allen Lebensbereichen, z.B. ist auf einer Senderfrequenz ein bestimmter Radiosender zu finden und jedes Brötchen hat einen bestimmten Preis. Zuordnungen können mithilfe von Diagrammen, Tabellen, Worten, Koordinatensystemen, Gleichungen, ... dargestellt werden.

Test zu den Grundfertigkeiten

1

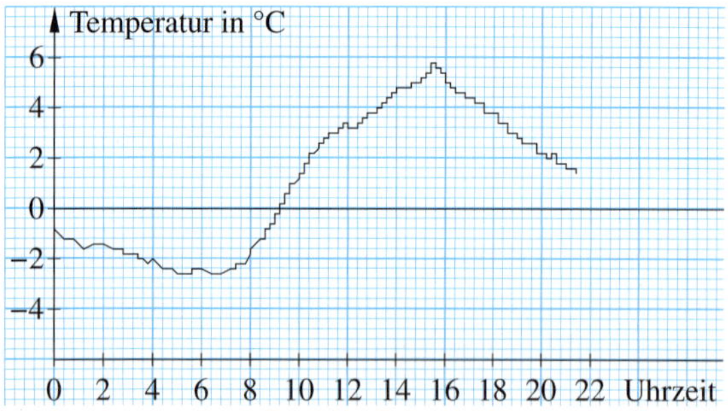

a) Wann betrug die Temperatur −2 °C?

A 2 Uhr B 4 Uhr

C 8 Uhr D 11 Uhr

b) Bestimme die Differenz zwischen Höchst- und Tiefsttemperatur. (K steht für Kelvin.)

A 3 K B 4 K

C 6 K D 9 K

2 Welche der folgenden Eigenschaften gelten für proportionale Zuordnungen?

A Eine Verdopplung des x-Wertes führt zur Verdopplung des y-Wertes.

B Die Zahlenpaare sind produktgleich.

C Eine Verdopplung des x-Wertes führt zur Halbierung des y-Wertes.

D Der Graph ist eine Gerade.

3 Es soll eine proportionale Zuordnung vorliegen. Welche Werte können ergänzt werden?

Anzahl der Werkstücke	2	
Preis in Euro	3	

A $x = 3;\ y = 4$ B $x = 3{,}5;\ y = 5{,}5$

C $x = 0;\ y = 0$ D $x = 4\frac{1}{4};\ y = 6\frac{3}{8}$

4 Betrachte folgende Graphen.

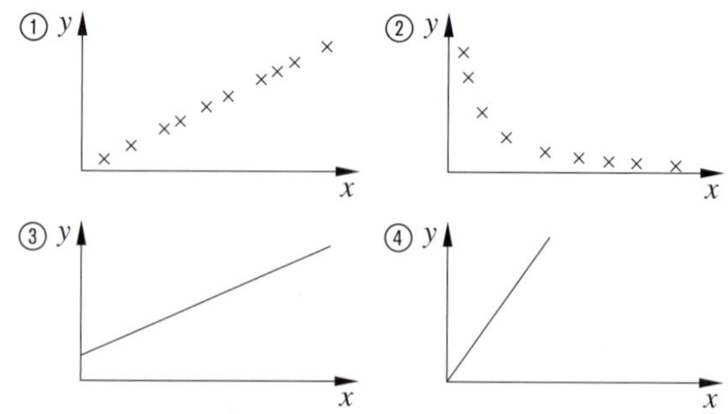

a) Wo liegt eine proportionale Zuordnung vor?

A ① B ②

C ③ D ④

b) Wo liegt eine antiproportionale Zuordnung vor?

A ① B ②

C ③ D ④

5 Es soll eine antiproportionale Zuordnung vorliegen. Welche Werte können ergänzt werden?

Anzahl der Tiere	12	
Futtervorrat in Tagen	8	

A $x = 4;\ y = 24$ B $x = 8;\ y = 12$

C $x = 36;\ y = 2\frac{2}{3}$ D $x = 6;\ y = 16$

6 Um einen Rasen zu mähen, benötigen 4 Gärtner jeweils 6 h. Wie viel Zeit benötigen 5 Gärtner?

A 4 h 8 min B 5 h

C 4 h 48 min D 5 h 20 min

7 Für 5 Pfannkuchen benötigt man 100 g Mehl. Wie viel Mehl benötigt man für 6 Pfannkuchen?

A 20 g B 83,3 g

C 106 g D 120 g

6 bis 7 Aufgaben sind richtig. Deine Grundfertigkeiten sind gut.
4 bis 5 Aufgaben sind richtig. Deine Grundfertigkeiten sind befriedigend.
Weniger als 4 Aufgaben sind richtig. Deine Grundfertigkeiten sind noch nicht ausreichend.

Literaturhinweis: Mathematik in Übersichten S. 73 ff. und S. 79

AUFGABEN ZUM TRAINIEREN

AUFGABE 1

Die Pizzeria „Bella Italia“ verkauft Pizzas in drei verschiedenen Größen.

Pizzaangebot	⌀ 26 cm	⌀ 30 cm	⌀ 32 cm
Margherita	2,00 €	3,00 €	4,00 €
Salami	4,00 €	5,00 €	5,50 €
Peperonata	3,00 €	4,50 €	6,00 €
Piccata	3,50 €	5,00 €	6,00 €
Marina	5,00 €	6,00 €	7,00 €
Contadina	4,50 €	5,50 €	6,50 €

a) Um den Preis vergleichen zu können, möchte Artur die Zuordnung *Durchmesser* → *Preis* untersuchen. Alex schlägt vor, die Zuordnung *Fläche* → *Preis* zu betrachten. Welches Vorgehen ist sinnvoller? Begründe.

b) Welche Pizzagröße ist jeweils die günstigste? Begründe deine Meinung rechnerisch.

c) Wie teuer ist die Pizza Salami mit 30 cm Durchmesser, wenn der Preis pro Quadratzentimeter derselbe sein soll wie bei der kleineren Pizza?

AUFGABE 2

Die Verbraucherzentrale stellte fest, dass Schnäppchenjäger häufig in eine „Einkaufsfalle“ tappen.

	Packungen	Preis in Euro
Duschgel	250 g	1,25
	2 x 250 g	2,65
Hanutus Minis	237 g	1,80
	310 g	2,69
Waschmittel	3000 g	8,89
	4050 g	12,74

a) Wie teuer müsste jeweils die Großpackung sein, wenn das Preisniveau der kleinen Packung beibehalten bleiben würde?

b) Bei welchem Produkt sind die Mehrkosten prozentual am höchsten?

c) Bei welchen Produkten fällt der Preisvergleich relativ schwer? Begründe deine Antwort. Durch welche Angaben können Preisvergleiche erleichtert werden?

AUFGABE 3

Für das Verputzen einer Fabrikhalle benötigen 4 Maurer insgesamt 12 Arbeitstage. Sie arbeiten stets gleich schnell.

a) Wie viele Arbeitstage würden 3 der gleich schnellen Maurer für diese Arbeit benötigen?

b) Gib für den Sachverhalt eine Gleichung an. Um welche Art einer Zuordnung handelt es sich?

c) Damit die Halle schneller fertig wird, erhalten die 4 Maurer nach 3 Arbeitstagen die Unterstützung von 2 weiteren gleich schnellen Maurern. Wie lange dauert das Verputzen insgesamt?

AUFGABE 4

Schuhgrößen: Zur Fußlänge in Zentimetern werden 1,5 cm addiert. Die Summe wird mit 1,5 multipliziert.

a) Carinas Fuß ist 22,5 cm lang. Welche Schuhgröße hat Carina?

b) Finde für die Zuordnung *Fußlänge in cm* → *Schuhgröße* eine Gleichung.

c) Erstelle für die Zuordnung *Fußlänge in cm* → *Schuhgröße* eine Tabelle und ein Diagramm. Beginne mit einer Fußlänge von 21 cm und ende bei Schuhgröße 43.

d) Laut Guinnessbuch der Rekorde hat der Amerikaner Matthew McGrory mit Schuhgröße 63 die bisher größten Füße. Wie lang sind sie?

e) Der größte Lederstiefel der Welt wurde von der Red Wing Shoe Company in Minnesota gefertigt. Schätze die Größe des abgebildeten Stiefels.

Lineare Funktionen

Eindeutige Zuordnungen nennt man Funktionen. Eine Klasse von Funktionen sind die linearen Funktionen. Jede lineare Funktion besitzt eine Funktionsgleichung der Form $f(x) = mx + n$, wobei die Parameter m und n reelle Zahlen sind. $f(x) = 2x - 1$, $y = 0{,}3x + 2$, $f(x) = 2{,}5x$ und $y = 2$ sind Beispiele dafür.

Test zu den Grundfertigkeiten

1 Gleichungen linearer Funktionen kann man in der Form $y = mx + n$ notieren. Welche Bedeutung haben m und n für den Verlauf der Graphen?

____

____

2 Die Grafik zeigt das Bild einer linearen Funktion $y = f(x) = mx + n$. Welche Aussagen sind richtig?

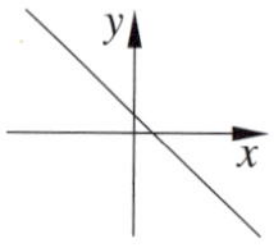

A $m > 0$ und $n > 0$ B $m < 0$ und $n > 0$

C $m < 0$ und $n < 0$ D $m > 0$ und $n < 0$

3 Forme die Gleichung $12x - 4y = 16$ so um, dass du m und n ablesen kannst.

A $m = 12$ und $n = -16$ B $m = 3$ und $n = 16$

C $m = 3$ und $n = -4$ D $m = -3$ und $n = 4$

4 Einer Zahl x wird jeweils ihr 5faches vermindert um 3 zugeordnet. Wie lautet die Funktionsgleichung?

A $y = f(x) = 5x + 3$ B $y = f(x) = (x + 5) - 3$

C $y = f(x) = 3x - 5$ D $y = f(x) = 5x - 3$

5 Gib die Funktionsgleichungen und Nullstellen an.

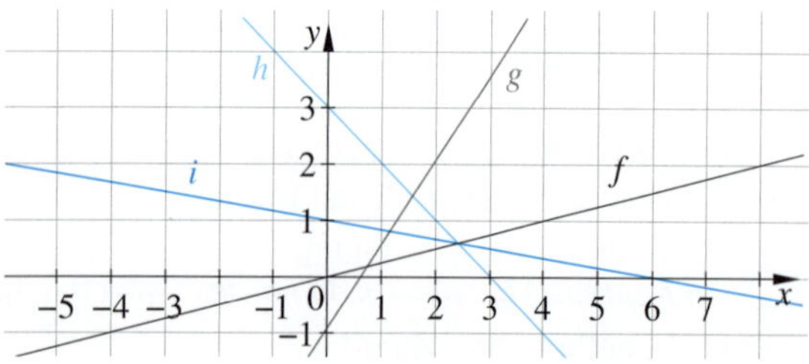

____

____

6 Ist für $x = 3$ der Funktionswert $y = 8$?

A $f(x) = 2x + 2$ B $f(x) = 3x - 1$

C $f(x) = 3x + 8$ D $f(x) = -3x - 1$

7 Welche Steigung hat eine Gerade, die durch die Punkte $P(1|2)$ und $Q(2{,}5|-4)$ verläuft?

A $m = -1$ B $m = -2$

C $m = -2{,}5$ D $m = -4$

8 Was trifft auf alle Graphen linearer Funktionen zu?

A Sie sind Geraden.

B Sie verlaufen durch den Ursprung.

C Sie schneiden die y-Achse.

D Sie schneiden die x-Achse.

9 Wie lautet die Gleichung der Geraden, die parallel zur x-Achse durch den Punkt $(2|3)$ verläuft?

A $f(x) = 2$ B $f(x) = 2x$

C $f(x) = 3$ D $f(x) = 3x$

10 Ergänze so, dass eine lineare Funktion vorliegt.

x	0	2	
y	0	3	

A $x = 3;\ y = 4$ B $x = 4;\ y = 6$

C $x = 5;\ y = 7{,}5$ D $x = 6;\ y = 7$

11 Welche der Zuordnungen sind im Alltag oft linear?

A *Anzahl der CDs → Preis*

B *Geschwindigkeit → Fahrzeit*

C *Fahrzeit → Entfernung zum Ziel*

D *Fahrkilometer → Preis für die Taxifahrt*

9 bis 11 Aufgaben sind richtig. Deine Grundfertigkeiten sind gut.
7 bis 8 Aufgaben sind richtig. Deine Grundfertigkeiten sind befriedigend.
Weniger als 7 Aufgaben sind richtig. Deine Grundfertigkeiten sind noch nicht ausreichend.

Literaturhinweis: Mathematik in Übersichten S. 79 ff. und S. 85 ff.

AUFGABEN ZUM TRAINIEREN

AUFGABE 1

Gegeben ist die Gleichung einer linearen Funktion f mit $y = f(x) = -2x - 2{,}5$.

a) Zeichne den Graphen der Funktion f in ein Koordinatensystem ein.

b) Überprüfe, ob die Punkte $P(-2\,|\,0)$ und $Q(-5{,}5\,|\,8{,}5)$ auf der Geraden liegen. Notiere deine Rechnung.

c) Bestimme jeweils die fehlende Koordinate der Punkte $A(-4\,|\,y)$ und $B(x\,|\,11{,}5)$, die auf dem Graphen liegen.

d) Berechne die Nullstelle der Funktion f und vergleiche mit der grafischen Darstellung.

AUFGABE 2

Gegeben ist eine Funktion f durch folgende Wortvorschrift:
Jeder Zahl wird ihr 3faches vermindert um 3 zugeordnet.

a) Gib für die Funktion f eine Gleichung an.

b) Zeichne den Graphen von f für $-2 \leq x \leq 3$.

c) Berechne die Nullstelle von f.

d) Ermittle $f(-5)$ und $f(8)$.

e) Berechne das Argument, sodass gilt: $f(x) = 99$.

f) Unter welchem Winkel schneidet f die x-Achse?

AUFGABE 3

Gib jeweils eine Gleichung der linearen Funktion an, deren Graph durch die folgenden Angaben festgelegt wird.

a) Die Schnittpunkte mit den Koordinatenachsen sind $A(1\,|\,0)$ und $B(0\,|\,3)$.

b) Der Graph verläuft durch die Punkte $M(-2\,|\,3)$ und $N(3\,|\,-3)$. Notiere deine Rechnung.

c) Der Graph verläuft durch den Punkt $P(-3\,|\,-2)$ und hat den Anstieg $m = 2$.

d) Der Graph verläuft parallel zur Winkelhalbierenden des 1. Quadranten durch den Punkt $Q(3\,|\,1)$.

AUFGABE 4

Gegeben sind die Gleichungen zweier linearer Funktionen f und g mit $f(x) = 2x - 3$ und $g(x) = -2x + 5$.

a) Zeichne die Graphen der Funktionen f und g in ein Koordinatensystem.

b) Berechne die Nullstellen beider Graphen und vergleiche mit der Zeichnung.

c) Zeichne eine zum Graphen der Funktion f senkrecht verlaufende Gerade k mit derselben Nullstelle in das Koordinatensystem ein. Gib eine Gleichung für diese Gerade an.

d) Berechne die Koordinaten des Schnittpunktes S der Graphen der Funktion f und g. Vergleiche diese mit denen aus der grafischen Darstellung.

e) Der Graph der Funktion g wird um 3 Längeneinheiten in Richtung der positiven y-Achse verschoben. Gib eine Gleichung der zugehörigen linearen Funktion l an.

AUFGABE 5

Gegeben sind lineare Gleichungen mit zwei Variablen.

Gleichung ①: $2x + 4y = 4$
Gleichung ②: $6x - 2y = 12$

a) Gib je zwei Zahlenpaare an, die Lösungen der Gleichung ① bzw. der Gleichung ② sind.

b) Ergänze die Zahlenpaare $(\frac{2}{3}\,|\,\ldots)$ und $(\ldots\,|\,-2)$ so, dass sie Lösungen der Gleichung ① sind.

c) Stelle beide Gleichungen nach y um, sodass Gleichungen der Form $y = mx + n$ entstehen.

d) Überprüfe grafisch deine Ergebnisse zu den Aufgaben 5 a) und b).

e) Löse das durch die beiden Gleichungen gebildete lineare Gleichungssystem rechnerisch.

f) Lies die Koordinaten des Schnittpunktes S beider Graphen ab und vergleiche dein Ergebnis mit dem der Aufgabe 5e).

g) Unter welchen Winkeln schneiden die Graphen der Funktionen zu den Gleichungen ① und ② die x-Achse?

AUFGABE 6

Gegeben sind zwei Funktionen f und g durch ihre Darstellung im Koordinatensystem.

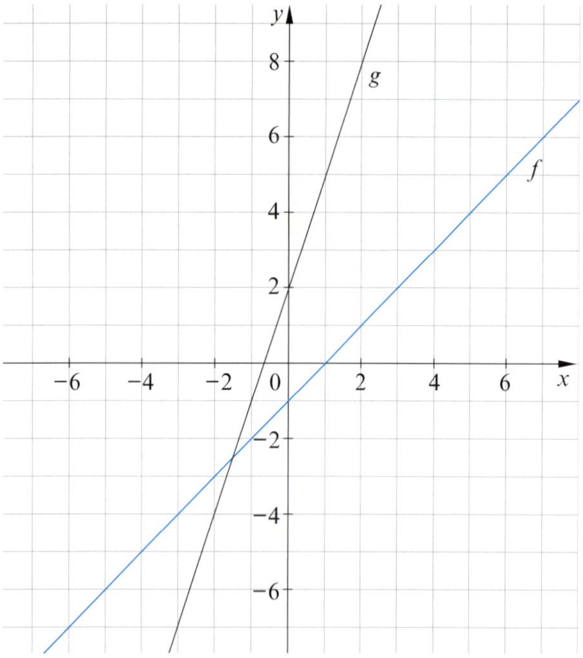

a) Gib für die beiden Funktionen f und g jeweils eine Gleichung an.
b) Welche der Funktionen hat den größeren Anstieg?
c) Berechne die Koordinaten des Schnittpunktes S der Geraden und überprüfe dein Ergebnis mit hilfe der Grafik.
d) Zeichne eine zu f parallele Gerade k durch den Punkt $P(1\,|\,-2)$ ein. Wie lautet die entsprechende Funktionsgleichung für diese Parallele k?
e) Die Gerade zur Funktion g soll so parallel verschoben werden, dass sie die Gerade f genau auf der y-Achse schneidet. Wie lautet die Gleichung dieser Geraden l?
f) Bestimme die Achsenschnittpunkte der Geraden f und g.
g) Die blaue Gerade und Abschnitte der beiden Koordinatenachsen bilden ein Dreieck mit rechtem Winkel beim Koordinatenursprung. Berechne den Flächeninhalt des Dreiecks.

AUFGABE 7

Eine brennende Haushaltskerze, die neu 24 cm lang war, wird beim Abbrennen beobachtet. Dabei wird festgestellt, dass ihre Länge pro Stunde um 4 cm abnimmt.

a) Am ersten Tag wird die Kerze nach 150 min ausgepustet. Wie lang ist die Kerze dann noch?
b) Um den Zusammenhang genauer untersuchen zu können, wird die Gleichung einer linearen Funktion f aufgestellt, die der Zeit die Länge der Kerze zuordnet. Was kannst du über den Anstieg des Graphen von f aussagen?
c) Angenommen die neue Kerze wird angezündet und brennt danach kontinuierlich ab. Welche der beiden Gleichungen ① $y = 4x - 24$ oder ② $y = -4x + 24$ beschreibt diese Funktion f? Begründe.
d) Was geben die beiden Variablen x und y in der Funktionsgleichung an?
e) Berechne die Nullstelle der Funktion f. Was gibt die Nullstelle praktisch an?
f) Der Definitionsbereich einer Funktion ist in der Regel der Bereich der reellen Zahlen. Ist das bei dieser Funktion auch sinnvoll?
Wenn nein, schränke den Definitionsbereich geeignet ein.
g) Gib den Wertebereich dieser Zuordnung an.

AUFGABE 8

Für verschiedene elektrische Bauelemente hat man eine Messreihe von Stromstärke und Spannung durchgeführt.
Dabei hat man folgende Messwerte erhalten:

Spannung in V	Stromstärke in mA		
	Bauelement 1	Bauelement 2	Bauelement 3
2	340	160	170
4	680	320	300
5	850	400	330

a) Stelle die Messwerte in einem Spannung-Stromstärke-Diagramm (x-Achse: Stromstärke; y-Achse: Spannung) dar.
b) Bei welchen Bauelementen ergibt sich vermutlich direkte Proportionalität zwischen Spannung und Stromstärke? Begründe deine Meinung.
c) Bei welchem der Bauelemente mit konstantem Widerstand ist dieser größer?
Woran erkennt man das im Diagramm?
d) Gib jeweils die Funktionsgleichung an.

AUFGABE 9

Wer ein Handy besitzt, hat nicht selten ein Problem, wenn es darum geht, den günstigsten Tarif auszuwählen.

Tarif	monatliche Grundgebühr	Preis pro Minute	Hinweis
Easy	–	0,39 €	[1] Die ersten 45 Minuten sind frei. Es muss dann nur die Grundgebühr bezahlt werden.
Telly	4,95 €	0,29 €	
Relax[1]	14,95 €	0,49 €	[2] Für monatlich 29,95 € kann beliebig lange telefoniert werden.
Flat[2]	29,95 €	–	

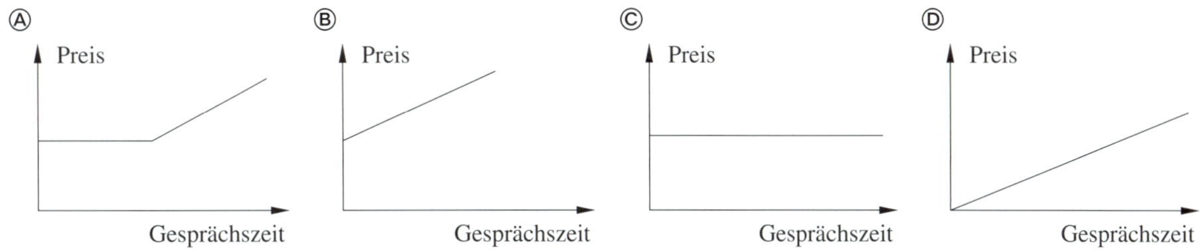

a) Ordne jedem Tarif das Diagramm zu, das der Zuordnung *Gesprächszeit* → *Preis* am ehesten entspricht. Begründe deine Entscheidungen.

b) Vergleiche die Kosten für ein 7 Minuten langes Gespräch im Tarif „Easy" und für ein 15 Minuten langes Gespräch im Tarif „Telly".

c) Bestimme die Funktionsgleichungen für die Tarife „Easy" und „Telly".

d) Zeichne die Graphen der vier Zuordnungen in ein Koordinatensystem.

AUFGABE 10

Ein Güterzug fährt um 12:00 Uhr durch den Bahnhof von Köln. Ein Regionalexpress folgt später.
Er ist schneller als der Güterzug.
Im Diagramm wurde dargestellt, wann sich die Züge wie weit von Köln entfernt haben.

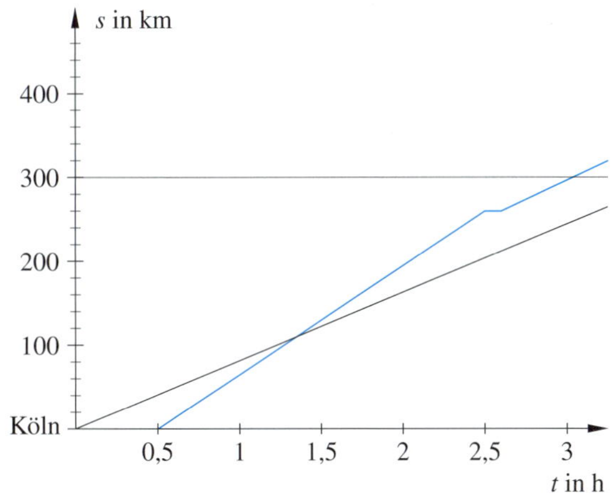

a) Entscheide mithilfe des Diagramms, welcher Zug auf der Strecke anhält. Begründe.

b) Bestimme, wie viele Kilometer der Güterzug in den zwei Stunden nach dem Durchqueren des Bahnhofs von Köln zurückgelegt hat.

c) An einer Ausweichstelle überholt der Regionalexpress den Güterzug. Wie viele Kilometer ist diese Ausweichstelle etwa von Köln entfernt?

d) Wie lange brauchen der Güterzug und der Regionalexpress, um die ersten 100 km „hinter Köln" zurückzulegen?

e) Berechne die Durchschnittsgeschwindigkeit des Güterzugs auf den ersten 200 km nach Köln.

AUFGABE 11

Bei einem Stromanbieter gibt es zwei Tarife.

Tarif A: jährliche Grundgebühr von 72 € und 17,2 ct pro kWh
Tarif B: jährliche Grundgebühr von 108 € und 15,8 ct pro kWh

a) Berechne für beide Tarife die Preise für einen Jahresverbrauch von 500 kWh und 3000 kWh.

b) Stelle jeweils eine Funktionsgleichung auf, die den Kilowattstunden den Preis pro Jahr zuordnet. Gib die Bedeutung der Variablen an.

c) Zeichne die zu jeder Gleichung gehörende Gerade in ein gemeinsames Koordinatensystem. Teile zuvor die Achsen sinnvoll ein.

d) In welchem Punkt schneiden sich die Geraden? Was bedeutet das für den zu wählenden Tarif?

Lineare Gleichungssysteme

Oft können Sachverhalte durch lineare Gleichungen mit zwei Variablen beschrieben werden. Hat z. B. ein Rechteck einen Umfang von 20 cm, gilt für die Seiten a und b: $2a + 2b = 20$ cm. Es gibt mehrere Lösungen. Soll zusätzlich der Flächeninhalt 24 cm² betragen, gilt: $a \cdot b = 24$ cm². Es ist ein Gleichungssystem zu lösen.

Test zu den Grundfertigkeiten

1 Welches lineare Gleichungssystem wurde grafisch gelöst? Gib die Lösungsmenge an.

A I $y = x + 2$
II $y = 4{,}5x - 1{,}5$

B I $y = 2x + 1$
II $y = -1{,}5x + 4{,}5$

C I $y = 1 + 2x$
II $y = 1{,}5x + 4{,}5$

D I $y = 0{,}5x + 1$
II $y = -\frac{2}{3}x + 4{,}5$

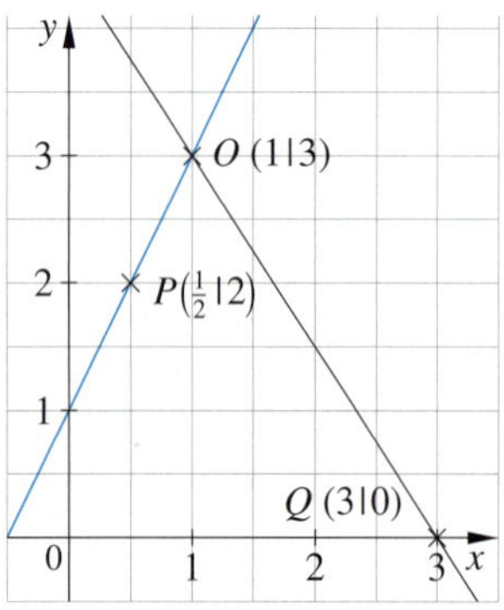

$L = \{(\_\_;\ \_\_)\}$

2 Wie viele Lösungen kann ein lineares Gleichungssystem haben?

A keine
B genau eine
C unendlich viele
D genau zwei

3 Bei welchen Gleichungssystemen ist die Lösungsmenge angegeben?

A I $4a - 2b = -6$
II $b = 9 - 2a$
$L = \{\ \}$

B I $s = -15t$
II $16t - 2s = 92$
$L = \{(-30;\ 2)\}$

C I $u + 2w = 4$
II $w = -3u - 3$
$L = \{(2;\ -30)\}$

D I $y = 3x + 6$
II $y = 2x - 8$
$L = \{(3;\ 18)\}$

4 Peter ist doppelt so alt wie Klaus. Zusammen sind sie 27 Jahre alt.
Gleichungssystem: I $2x = y$
II $x + y = 27$
Welcher Term gibt Peters Alter an?

A x
B y
C $2x$
D „kein Term“

5 Welche rechnerischen Verfahren zum Lösen linearer Gleichungssysteme gibt es?
Nutze gegebenenfalls eine Formelsammlung.

____

____

____

6 Gegeben ist das folgende Gleichungssystem.
I $2a + 3b = 7$
II $4a - 9b = -1$
Mit welcher Zahl sollte eine der Gleichungen multipliziert werden, um das Additionsverfahren anwenden zu können?

A 2
B −3
C 3
D −2

7 Bestimme die Lösungsmenge des Gleichungssystems aus Aufgabe 6.

8 Anne kauft vier Roggenbrötchen und drei Vierkornbrötchen für 2,50 €. Sven kauft fünf Roggenbrötchen und sieben Vierkornbrötchen. Er zahlt 4,10 €. Markiere entsprechende Gleichungssysteme.

A I $3v + r = 2{,}50$
II $7v + 5r = 4{,}10$

B I $4x + 3y = 2{,}50$
II $5x + 7y = 4{,}10$

C I $4r + 3v = 2{,}50$
II $5r + 7v = 4{,}10$

D I $5x + 7y = 4{,}10$
II $x + 3y = 2{,}50$

7 bis 8 Aufgaben sind richtig. Deine Grundfertigkeiten sind gut.
4 bis 6 Aufgaben sind richtig. Deine Grundfertigkeiten sind befriedigend.
Weniger als 4 Aufgaben sind richtig. Deine Grundfertigkeiten sind noch nicht ausreichend.

Literaturhinweis: Mathematik in Übersichten S. 53 ff.

Aufgaben zum Trainieren

Aufgabe 1

Im Koordinatensystem sind die Graphen von zwei Funktionen gegeben.

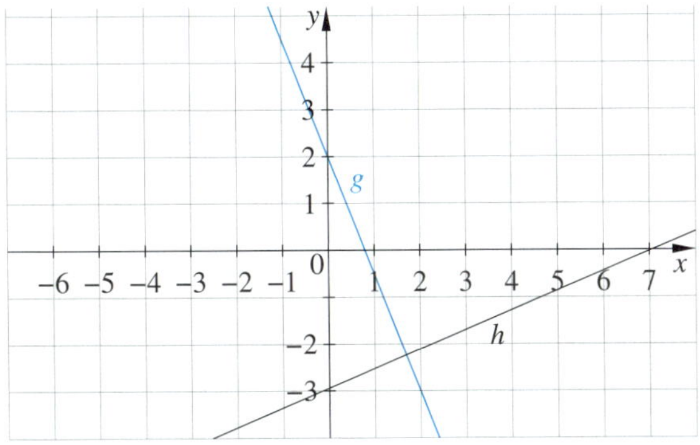

a) Ermittle die Gleichungen der Geraden g und h.
b) Berechne die Koordinaten des Schnittpunkts der beiden Geraden.
c) Zeichne eine Gerade k in das Koordinatensystem ein, sodass g und k keinen Schnittpunkt besitzen. Gib die Funktionsgleichung der Geraden k an.
d) Löse die Gleichung $5x + 2y = 4$ nach y auf und zeichne den zugehörigen Graphen in das Koordinatensystem ein.
Was fällt dir auf?

Aufgabe 2

Ermittle die Lösungsmengen der folgenden Gleichungssysteme mit einem Verfahren deiner Wahl.
Überlege, welches Verfahren jeweils geeignet ist, um schnell und sicher zur Lösung zu gelangen.

a) I $2y = 4x + 4$
II $y = 10x - 22$

b) I $2u - 3v = -8$
II $6v - u = 16$

c) I $x + 2y = 1$
II $-x + 2y = 1$

d) I $3x - 2z = -3$
II $-3x + z = 6$

Aufgabe 3

Löse die folgenden Text- und Sachaufgaben jeweils mithilfe eines Gleichungssystems.

a) Die Quersumme einer zweistelligen Zahl ist 12, die Differenz der Ziffern ist 2.
Welche Zahl könnte es sein?
b) Von zwei Zahlen ist bekannt: Addiert man zum Dreifachen der ersten Zahl das Doppelte der zweiten Zahl, so erhält man 26. Subtrahiert man das Dreifache der zweiten Zahl vom Fünffachen der ersten Zahl, dann erhält man 56.
Wie heißen diese beiden Zahlen?
c) Von einem Rechteck ist bekannt, dass der Umfang 20 cm beträgt. Die Differenz der Seitenlängen ist 44 mm. Wie lang sind die Seiten?
d) Sophie macht Ferien auf dem Bauernhof. Sie darf die Hühner und Kaninchen füttern. Es sind 37 Tiere mit insgesamt 106 Beinen.
Wie viele Hühner und wie viele Kaninchen leben auf dem Bauernhof?
e) Aus einem Draht mit einer Länge von 1,40 m wird das Kantenmodell eines Quaders mit zwei quadratischen Begrenzungsflächen hergestellt. Die Differenz der kurzen Kanten an den quadratischen Flächen und der längeren Kanten beträgt 5 cm. Ermittle die Kantenlängen des Körpers.

Aufgabe 4

Julia möchte ihre und Jans Fotos von der Klassenfahrt entwickeln lassen. Sie hat drei Angebote eingeholt.

Foto-Labor	Entwicklungskosten pro CD	Kosten je Abzug
Foto Fix	2,80 €	0,25 €
Gut & günstig	–	0,35 €
Bilderwelt	3,70 €	0,15 €

a) Julia hat zwei CD's mit jeweils 24 Bildern. Berechne die Kosten für Entwicklung und je einen Abzug pro Bild bei allen drei Anbietern.
b) Stelle für jedes Foto-Labor eine Gleichung für die Zuordnung Anzahl der *Abzüge → Kosten bei einer CD* auf.
c) Zeichne die Graphen der in Teilaufgabe b) ermittelten Funktionsgleichungen in ein gemeinsames Koordinatensystem und bestimme die Schnittpunkte der Funktionsgraphen.
Welche Bedeutung haben die Schnittpunkte?
d) Wann ist Bilderwelt günstig?

Quadratische Funktionen und Gleichungen

Es gibt viele Zusammenhänge in der Mathematik und in den Naturwissenschaften, bei denen Quadrate auftreten. Um solche Abhängigkeiten grafisch darstellen zu können, benötigt man quadratische Funktionen. Für Rechnungen zu quadratischen Funktionen sind Kenntnisse zu quadratischen Gleichungen wichtig.

Test zu den Grundfertigkeiten

1 Bei welchen der folgenden Gleichungen handelt es sich um quadratische Gleichungen?

A $x^2 + 3x - 4 = 0$ B $x^2 - 4 = 21$

C $4x - 3 = 5x$ D $2x - 6 = 3x^2$

2 Wie viele Lösungen kann eine quadratische Gleichung haben?

A genau eine B genau drei

C genau zwei D keine

3 Zu welchen der quadratischen Gleichungen gehören die Lösungen 0 und 2?

A $x^2 - 2x = 0$ B $4x^2 - 8x = 0$

C $x^2 = 4$ D $2x^2 = 4x$

4 Bestimme die Lösungsmengen der Gleichungen.

a) $x^2 = 81$

A $L = \{9\}$ B $L = \{-9\}$

C $L = \{-9; 9\}$ D $L = \{0; 9\}$

b) $x^2 - 9 = 40$

A $L = \{7\}$ B $L = \{0; 7\}$

C $L = \{-7; 7\}$ D $L = \{3; 7\}$

c) $x(x - 4) = 0$

A $L = \{0\}$ B $L = \{0; 4\}$

C $L = \{4\}$ D $L = \{-4; 0\}$

5 Löse die folgenden quadratischen Gleichungen. Bei welchen quadratischen Gleichungen ist die Summe der beiden Lösungen in Klammern angegeben?

A $x^2 + 2x - 3 = 0$ [−2] B $x^2 - x - 6 = 0$ [4]

C $x^2 - 3x = 10$ [3] D $2x^2 - 2x - 4 = 0$ [1]

6 Beschrifte die Graphen.

$f(x) = -x^2$ $g(x) = 0{,}5(x - 3)^2$

$h(x) = (x + 3)^2$ $i(x) = 2(x - 3)^2 - 3$

$k(x) = x^2 - 3$ $l(x) = (x + 3)^2 - 3$

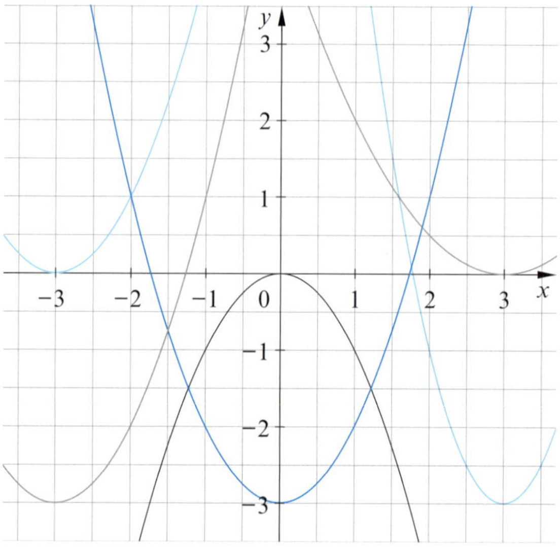

7 Gib die Nullstellen der Funktion l an. ____________

8 Welche der folgenden quadratischen Funktionen hat genau zwei Nullstellen?

A $f(x) = x^2 - 4x + 6$ B $f(x) = x^2 - 10x + 9$

C $f(x) = x^2 + 4$ D $f(x) = x^2 - 2x + 1$

9 Bei welchen der gegebenen Funktionen sind die jeweiligen Scheitelpunktkoordinaten angegeben? Nutze entsprechende Formeln.

A $y = x^2 - 2$, $S(0|-2)$ B $y = (x + 2)^2 - 2$, $S(2|0)$

C $y = (x - 2)^2$, $S(2|0)$ D $y = x^2 - 4x + 4$, $S(2|-2)$

7 bis 9 Aufgaben sind richtig. Deine Grundfertigkeiten sind gut.
4 bis 6 Aufgaben sind richtig. Deine Grundfertigkeiten sind befriedigend.
Weniger als 4 Aufgaben sind richtig. Deine Grundfertigkeiten sind noch nicht ausreichend.

Literaturhinweis: Mathematik in Übersichten S. 60 ff. und S. 89 ff.

Aufgaben zum Trainieren

Aufgabe 1

Löse die Aufgaben.

a) Löse die Gleichungen.
① $6c + 56 = c^2$
② $2x^2 + 16x - 18 = 0$
③ $0 = 28a + 7a^2$
④ $2x(5 - x) = 8(3 - 0{,}5x)$
⑤ $(x + 5) \cdot (x - 6) + (x - 2) \cdot (x - 3) = -4$
⑥ $(4x + 3)^2 + (2x - 1)^2 = 10$
⑦ $\frac{9}{x - 8} = x$

b) Gib die quadratischen Funktionen in Scheitelpunktform an. Skizziere die Graphen.
$f(x) = x^2 - 4x + 1$
$g(x) = x^2 + 2x + 1$
$h(x) = 3x^2 - 6x$

c) Ergänze so, dass die Gleichungen stimmen.
① $36a^2 + \_\_\_\_ + b^2 = (6a + \_\_\_\_)^2$
② $25c^2 - \_\_\_\_ = (\_\_\_\_ - 9d) \cdot (5\_\_\_\_ + \_\_\_\_ d)$
③ $(7e - \_\_\_\_)^2 = \_\_\_\_ - 28ef + 4f^2$

d) Markiere alle Fehler und begründe.
$(4x - 2) \cdot (3x + 7) = -12 + 7x^2$
$12x^2 - 14 = -12 + 7x^2$
$5x^2 = 2$
$x^2 = \frac{2}{5}$ $\quad x_1 = 0{,}2 \quad x_2 = -0{,}2$

Aufgabe 2

Gegeben ist die Funktion $y = f(x) = (x - 2)^2 - 1$.

a) Gib die Koordinaten des Scheitelpunktes der Parabel an.
b) Forme die Gleichung der Parabel in die Normalform um.
c) Berechne die Nullstellen der Funktion f. In welchem Punkt schneidet der Graph die y-Achse?
d) Welche x-Koordinaten haben die Punkte, die auf dem Graph der Funktion f liegen und die y-Koordinate 8 besitzen?
e) Überprüfe deine Ergebnisse anhand einer Zeichnung.
f) Gib die Lage der Symmetrieachse und den Wertebereich der Funktion f an.
g) Der Graph der Funktion f wird an der y-Achse gespiegelt.
Gib die Funktionsgleichung des gespiegelten Graphen an.

Aufgabe 3

Gegeben ist die quadratische Funktion f mit $y = f(x) = x^2 - 5x + 6$.

a) Berechne die Koordinaten der Schnittpunkte des Graphen der Funktion f mit der x-Achse und der y-Achse.
b) Bestimme die Koordinaten des Scheitelpunktes und zeichne die Parabel.
c) In welchem Intervall ist die Funktion f monoton fallend?
d) Welche Zahl ist in die Gleichung $y = x^2 - 5x + q$ für q einzusetzen, damit die dadurch gegebene Funktion genau eine Nullstelle hat?
e) Gegeben ist die Gerade g mit der Gleichung $y = -5x + 7$. Zeichne die Gerade in dasselbe Koordinatensystem ein.
f) Kennzeichne die Schnittpunkte der beiden Graphen und lies die Koordinaten ab.
g) Berechne die Koordinaten der Schnittpunkte des Graphen von f mit der Geraden g und vergleiche deine Ergebnisse mit der Zeichnung.

Aufgabe 4

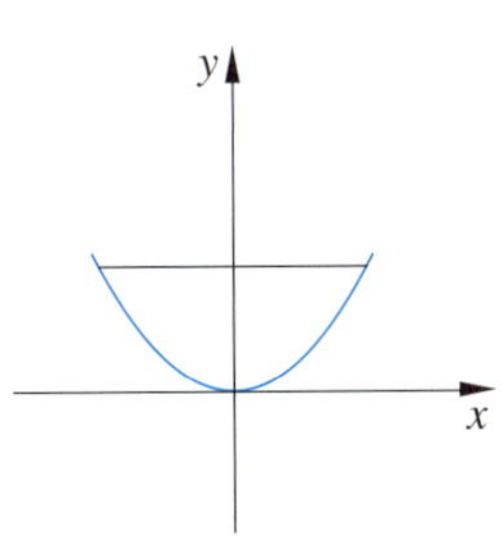

Parabolantennen für den Satellitenempfang haben als Querschnitte Parabeln. Wenn man diese in geeignete Koordinatensysteme „legt“, kann man Gleichungen für die Parabeln in der Form $y = ax^2$ angeben.
Ein Parabolspiegel hat einen Durchmesser von 60 cm und eine Tiefe von 6 cm.
Finde eine Funktionsgleichung für die Parabel.

Aufgabe 5

Löse die folgenden Text- und Sachaufgaben.

a) Das Quadrat der gesuchten Zahl ist gleich ihrem Fünffachen. Welche Zahl könnte es sein?

b) Welche Kantenlänge hat ein Würfel mit dem Oberflächeninhalt 37,5 cm^2?

c) Kann man eine natürliche Zahl mit der um 10 größeren Zahl multiplizieren und 704 erhalten? Wie lautet die Zahl?

d) Das Quadrat einer natürlichen Zahl vermehrt um ihr 7faches ergibt 8. Wie lautet die Zahl?

e) Der Flächeninhalt eines Rechtecks beträgt 21 875 mm^2. Die eine Seite ist um 5 cm länger als die andere Seite.
Wie lang sind die Rechteckseiten?

f) Ein rechtwinkliges Dreieck hat einen Flächeninhalt von 40 cm^2. Eine Kathete ist 16 cm länger als die andere. Wie lang sind die Katheten?

g) Für welche Werte a hat die Gleichung $(x+2)^2 = a$ zwei Lösungen?

Aufgabe 6

Eine Supermarktkette hat ein rechteckiges Grundstück gekauft, um darauf den skizzierten Supermarkt mit rechteckiger Grundfläche zu bauen und die benötigten Parkflächen anzulegen.
Das Grundstück ist 80 m lang und 60 m breit. Die Breite x der Parkstreifen vor und neben der Halle ist gleich. Außerdem soll die Fläche des Parkplatzes genauso groß sein wie die Grundfläche des Gebäudes.

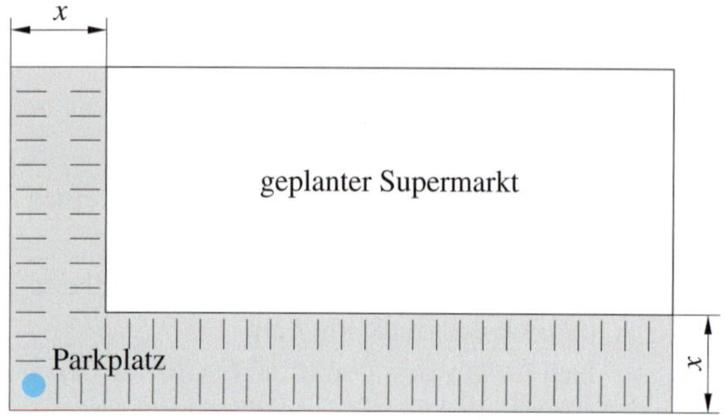

a) Berechne die Breite x eines Parkstreifens.

b) Schätze, wie viele Autos auf dem Parkplatz parken können, wenn 60 % der Fläche zum Abstellen von Autos zur Verfügung steht.

c) Es ist geplant, etwa 30 % des Parkplatzes mit Pflastersteinen (40,00 € pro 1 m^2) und den Rest mit Rasengittersteinen (35,00 € pro 1 m^2) zu befestigen. Wie viel Euro sind dafür einzuplanen?

Aufgabe 7

Die Skizze zeigt den Querschnitt einer Rinne.
Ihr parabelförmiger Bogen kann durch die Funktionsgleichung $y = f(x) = 0{,}25x^2 - 9$ beschrieben werden.

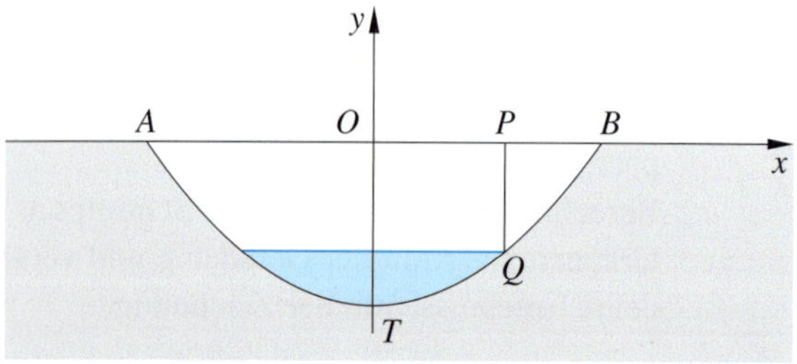

a) Zeichne die Rinne ähnlich wie in der Skizze maßstabsgerecht in ein Koordinatensystem, wobei eine Einheit 1 cm lang ist.

b) Berechne die Tiefe $\overline{OT}$ der Rinne.

c) Berechne die Breite $\overline{AB}$ der Rinne.

d) Das Wasser in der Rinne steht 4 cm hoch.
Wie groß ist die horizontale Entfernung $\overline{BP}$ des Wassers vom Rand der Rinne?

e) Die Rinne ist 5 m lang. Wie groß ist die Wasseroberfläche, wenn die Rinne bis zur halben Höhe gefüllt ist?

Aufgabe 8

Eine Brücke hat eine Spannweite s von 20 m. Ihre Höhe h beträgt 5 m.
Ein parabelförmiger Bogen dient der Stabilisierung.
Die Verstrebung k wurde senkrecht in einem Abstand von 6 m zum Mittelpunkt M angebracht.

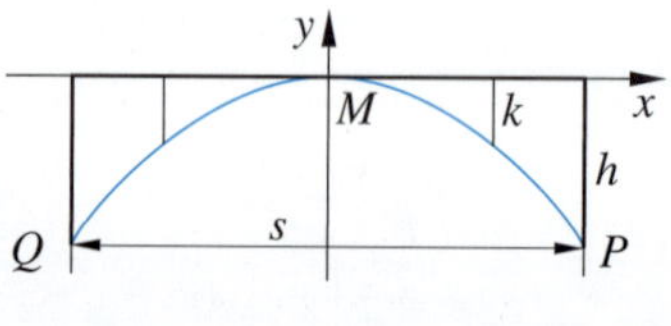

a) Welche Gleichung gehört zur Parabel?

① $f(x) = -\frac{1}{10}x^2$ ② $g(x) = -\frac{1}{20}x^2$.

b) Erstelle eine Tabelle mit sieben Wertepaaren.

c) Berechne die Länge der Verstrebung k.

d) Eine zweite Brücke hat die gleiche Höhe, aber eine andere Spannweite. Der parabelförmige Brückenbogen wird mit der Gleichung $h(x) = -\frac{1}{25}x^2$ beschrieben.
Berechne die Spannweite der zweiten Brücke.

Aufgabe 9

Viele Brückenkonstruktionen basieren auf parabelförmigen Bögen. In der Skizze ist der Querschnitt einer Bogenbrücke dargestellt, der durch eine Funktionsgleichung einer quadratischen Funktion der Form $y = f(x) = -\frac{1}{9}x^2$ beschrieben werden kann. x gibt die Entfernung in Metern an.

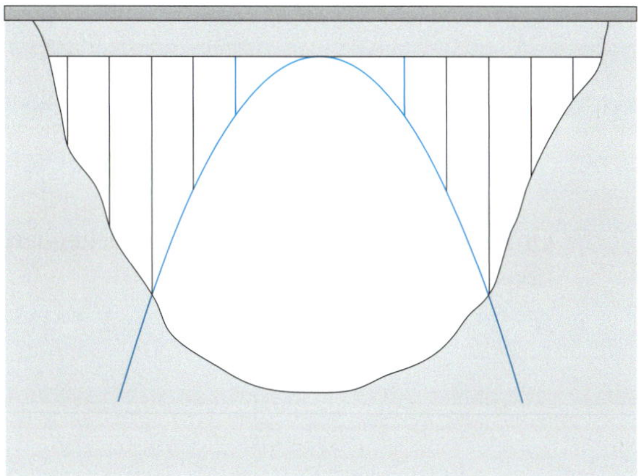

a) Begründe, warum in der Gleichung $y = ax^2$ für die Parabel gelten muss: $a < 0$.

b) Der blau eingezeichnete Brückenbogen hat oberirdisch eine Spannweite von 36 m.
Bestimme die Länge des sichtbaren Teils der beiden längsten Stützen.

c) Jeweils 9 m von den sichtbaren Enden des Brückenbogens entfernt, sollen Stützen angebracht werden.
Wie lang sind die Stützen?

d) Eine Darstellung wurde so angefertigt, dass die x-Achse genau oberhalb des „Bogens" verläuft.
Wie würde die Funktionsgleichung lauten, wenn die x-Achse unterhalb des „sichtbaren Bogens" verlaufen würde?

Aufgabe 10

Jan ist begeisterter Leichtathlet. Besonders erfolgreich ist er beim Kugelstoßen. Sein Trainer hat beim Training die Flugbahn einer Kugel untersucht und festgestellt, dass diese sich annähernd mit einer Parabel mit der Gleichung $y = -0{,}0568x^2 + 0{,}7385x + 1{,}6$ beschreiben lässt, wobei x die Entfernung der Kugel vom Abstoßpunkt in Meter und y die Höhe der Kugel in Meter bezeichnen.
Beim Kugelstoßen hat der Wettkämpfer zum Schwungholen einen Kreis mit einem Durchmesser von 2,13 m zur Verfügung. Der Durchmesser der 7,25 kg schweren Kugel muss 110 bis 130 mm betragen.

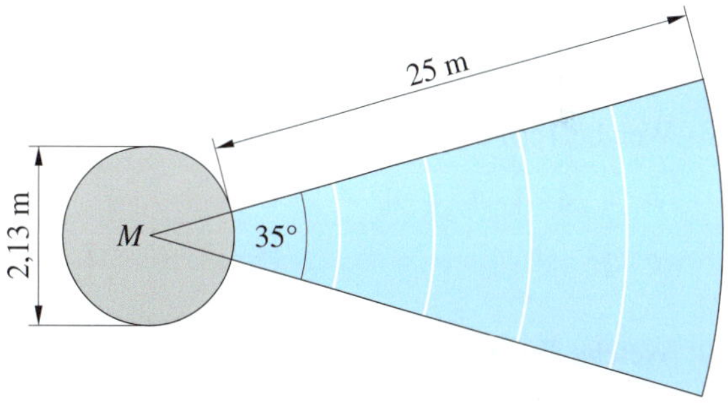

a) Berechne die Größe der Fläche des Abwurfkreises.

b) Ermittle das minimale und das maximale Volumen der Kugel.
Notiere deine Rechnung.

c) Eisen besitzt eine Dichte von $7{,}9\,\frac{\text{g}}{\text{cm}^3}$.
Kann eine Kugel aus reinem Eisen bestehen?
Begründe deine Meinung.

d) Berechne die Größe der hellblauen Fläche, in der die Kugel landen muss.

e) Aus welcher Höhe stößt Jan die Kugel ab?

f) Welche Höhe erreicht die Kugel in einer Entfernung von 2 m vom Abstoßpunkt?

g) Jans Sportkamerad Leon ist unaufmerksam und läuft in einem Abstand von 10 m zu Jan durch den Kreissektor der Kugelstoßanlage.
Kann er von Jans Kugel getroffen werden?
Begründe.

h) Bestimme die maximale Flughöhe der Kugel.
In welcher Entfernung von Jan wird diese Höhe erreicht?

i) Berechne, wie weit Jan die Kugel stößt.

j) Skizziere die Flugbahn der Kugel in einem Koordinatensystem.
Erkläre kurz, wie du dabei vorgegangen bist.

Potenzen, Potenz- und Exponentialfunktionen

Um sehr große bzw. kleine Zahlen darzustellen, trennt man oft Zehnerpotenzen ab. Die mittlere Entfernung von der Erde zur Sonne beträgt z. B. rund $1{,}496 \cdot 10^8$ km. Ein Produkt aus gleichen Faktoren kann man kürzer als Potenz schreiben: $10^8 = 10 \cdot 10 \cdot 10 \cdot 10 \cdot 10 \cdot 10 \cdot 10 \cdot 10$.

Test zu den Grundfertigkeiten

1 Welche Umformungen sind richtig?

a)

A $10^3 \cdot 10^5 = 10^{15}$ B $10^3 : 10^4 = 10^{-1}$

C $5^8 \cdot 2^8 = 10^8$ D $10^5 : 10^5 = 10^1$

b)

A $2^{-3} = \frac{1}{8}$ B $0{,}1^{-2} = 10$

C $1^{-2} = -2$ D $10^{-3} = \frac{1}{1000}$

c)

A $(4^5)^3 = 4^8$ B $2 \cdot 4^3 + 5 \cdot 4^3 = 7 \cdot 4^3$

C $\left(\frac{2}{3}\right)^4 = \frac{16}{18}$ D $\left(\left(\frac{2}{5}\right)^4\right)^{-4} = \frac{2}{5}$

2 Die Masse eines Wasserstoffatoms beträgt rund $1{,}66 \cdot 10^{-24}$ g.
Wie viele Atome sind etwa in 1 g Wasserstoff?

A $8{,}34 \cdot 10^{-24}$ B $8{,}34 \cdot 10^{23}$

C $1{,}66 \cdot 10^{-24}$ D $6{,}0241 \cdot 10^{23}$

3 Welche Terme sind gleichwertig zu 4^8?

A $4 \cdot 4 \cdot 4 \cdot 4 \cdot 4 \cdot 4^3$ B $4^2 \cdot 4^2 \cdot 4^4$

C $2^2 \cdot 2^6$ D $4^2 \cdot 4^6$

4 Welche Terme sind gleichwertig zu 3^7?

A $3^3 : 3^4$ B $3^{10} : 3^3$

C $3^5 : 3^{-2}$ D $3^{10} : 3^1 : 3^2$

5 Welche Umformungen sind richtig?

A $\frac{\sqrt{27}}{\sqrt{3}} = 9$ B $\frac{\sqrt{27}}{\sqrt{3}} = \sqrt{\frac{27}{3}}$

C $\sqrt{7} \cdot \sqrt{3} \cdot \sqrt{21} = 21$ D $\sqrt{7} \cdot \sqrt{3} \cdot \sqrt{21} = \sqrt{21^2}$

6 Welcher Term gibt 154 000 000 000 000 000 000 in der Form: $a \cdot 10^x$ mit $1 \leq |a| < 10$ an?

A $1{,}54 \cdot 10^{18}$ B $1{,}54 \cdot 10^{20}$

C $154 \cdot 10^{18}$ D $1{,}54 \cdot 10^{-20}$

7 Ordne den Graphen die zwei entsprechenden Funktionsgleichungen zu.
$y = f(x) = x^2$; $y = h(x) = x^{\frac{1}{2}}$; $y = k(x) = x^3$

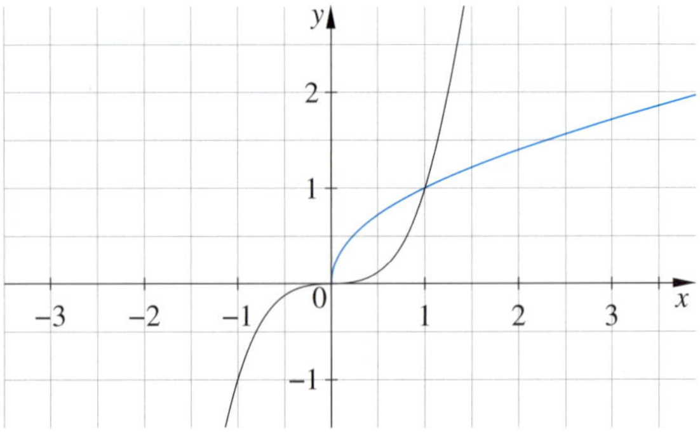

8 Ergänze die Exponenten.
−2; −3; 2; 3; 5

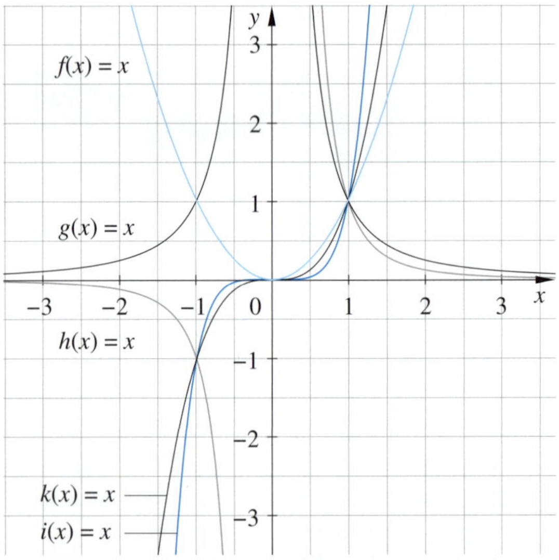

9 Notiere die gesuchten Exponenten.

A $2^x = 16$, $x =$ ____ B $\left(\frac{1}{4}\right)^x = \frac{1}{64}$, $x =$ ____

C $6^x = \frac{1}{216}$, $x =$ ____ D $10^x = \frac{1}{100}$, $x =$ ____

7 bis 9 Aufgaben sind richtig. Deine Grundfertigkeiten sind gut.
5 bis 6 Aufgaben sind richtig. Deine Grundfertigkeiten sind befriedigend.
Weniger als 5 Aufgaben sind richtig. Deine Grundfertigkeiten sind noch nicht ausreichend.

Literaturhinweis: Mathematik in Übersichten S. 35 ff und S. 94 ff.

AUFGABEN ZUM TRAINIEREN

AUFGABE 1

Vereinfache mithilfe der Potenzgesetze die folgenden Terme so weit wie möglich.

a) $5^8 \cdot 2^8 =$ ____________

b) $10^3 : 10^4 =$ ____________

c) $2 \cdot 4^3 + 5 \cdot 4^3 =$ ____________

d) $7 \cdot 5^3 - 5 \cdot 7^3 - 5^2 =$ ____________

e) $7a^6 \cdot 5a^4 \cdot 3a^2 =$ ____________

f) $21a^7 : 3a^3 =$ ____________

g) $\frac{36x^3}{21z^7} \cdot \frac{35z^2}{18x^6} =$ ____________

h) $\frac{8x^{16} \cdot 7x^{-8}}{24 \cdot x^{12}} =$ ____________

AUFGABE 2

Vereinfache ohne Verwendung des Taschenrechners so weit wie möglich.

a) $\sqrt{\frac{1}{4}} + \sqrt{\frac{100}{16}} - \sqrt{\frac{49}{64}}$

b) $\sqrt{10^6} + \sqrt{\frac{1}{10^4}} - \sqrt[3]{1\,000\,000}$

c) $\sqrt{0{,}25} + \sqrt{0{,}16} - \sqrt{0{,}25 - 0{,}16}$

d) $\sqrt{121} + \sqrt{12\,100} + \sqrt{1\,690\,000}$

e) $\sqrt{\sqrt[3]{27}} + \sqrt{3} \cdot \sqrt{81}$

f) $\frac{\sqrt{18} \cdot \sqrt{2}}{\sqrt{7} \cdot \sqrt{28}}$

g) $\frac{\sqrt{18} \cdot \sqrt{28}}{\sqrt{2} \cdot \sqrt{7}}$

h) $\frac{\sqrt[3]{16} \cdot \sqrt[3]{4x^3}}{\sqrt[3]{8 \cdot 27}}$

i) $\frac{\sqrt[3]{\sqrt{16} \cdot \sqrt{\sqrt{16}}}}{\sqrt[3]{216}}$

j) $(\sqrt{3} + \sqrt{12})^2$

k) $(\sqrt{24} - \sqrt{6})^2$

AUFGABE 3

Ermittle durch Probieren oder durch Umformungen jeweils die Lösungsmenge der folgenden Gleichungen.

a) $2^{x+1} = 8$

b) $3x + 9 = 12$

c) $\sqrt{8x + 8} = 2x - 2$

d) $4^{4x-6} = 16$

AUFGABE 4

Gegeben ist die Funktion f mit der Funktionsgleichung $f(x) = \frac{1}{x^2}$ mit $x \in \mathbb{R}$ und $x \neq 0$.

x	-2	-1	$-\frac{1}{2}$	0	$\frac{1}{2}$	1
y						

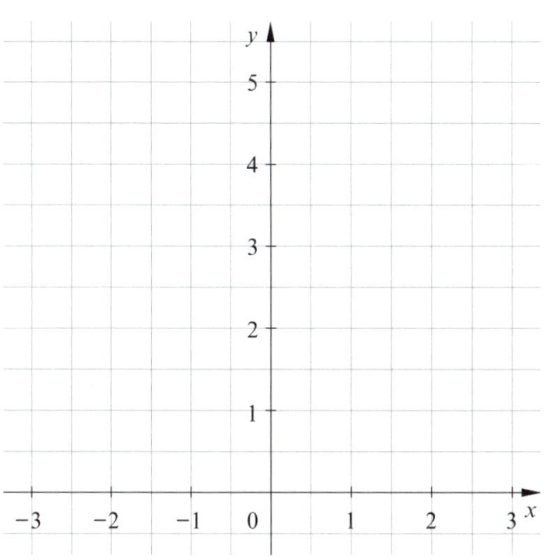

a) Berechne die Funktionswerte für die in der Tabelle vorgegebenen Argumente.

b) Zeichne den Graphen der Funktion f in das Koordinantensystem ein.

c) Zeige, dass das Zahlenpaar $\left(\sqrt{2005}; \frac{1}{2005}\right)$ zur Funktion f gehört.

d) Gib die Menge aller positiven Zahlen x an, für die gilt: $f(x) < 0{,}0001$.

e) Zeichne in das Koordinatensystem von Teilaufgabe b) den Graphen der Funktion $g(x) = x^2$ mit $x \in \mathbb{R}$ ein.

f) Gib die x-Werte derjenigen Punkte an, die zu beiden Funktionsgraphen gehören.

g) Mit Teilaufgabe f) hast du gleichzeitig eine Gleichung grafisch gelöst und deren Lösungen angegeben. Wie lautet die Gleichung?

h) Bestimme jeweils den Abstand, den die eingezeichneten Punkte aus Teilaufgabe f) zum Koordinatenursprung haben.

Aufgabe 5

Ordne folgenden Funktionen Eigenschaften zu.
$f(x) = x^4$, $g(x) = x^5$, $h(x) = x^{-5}$, $j(x) = x^{-4}$, $k(x) = 4^x$

a) Sie ist monoton fallend für alle $x \in \mathbb{R} \setminus \{0\}$.
b) Die Funktion ist monoton fallend für alle $x < 0$ und monoton wachsend für alle $x \geq 0$.
c) Alle Punkte liegen oberhalb der x-Achse.
d) Der Graph ist punktsymmetrisch und enthält den Punkt $P(-2\,|\,-32)$.
e) Der Graph ist punktsymmetrisch zum Koordinatenursprung und die Funktion ist für alle $x \in \mathbb{R}$ monoton wachsend.
f) Der Graph ist symmetrisch zur y-Achse, für $x < 0$ ist die Funktion monoton wachsend und für $x > 0$ ist sie monoton fallend.

Aufgabe 6

Gegeben sind die Funktionen f, g, h, i und k.
$f(x)=x^3$, $g(x)=x^{\frac{1}{3}}$, $h(x)=x^{-\frac{1}{3}}$, $i(x)=-0{,}5x^3$ und $k(x)=3^x$

a) Ergänze die Wertetabellen.

x	−2	−1	0	1	2
$f(x)$					

x	−2	−1	0	1	2
$g(x)$					

x	−2	−1	0	1	2
$h(x)$					

x	−2	−1	0	1	2
$i(x)$					

x	−2	−1	0	1	2
$h(x)$					

b) Bestimme jeweils die Argumente zu $y = 10$. Ordne diese nach der Größe. Beginne mit dem kleinsten Wert.
c) Skizziere die Graphen von f, g und h in einem Koordinatensystem.
d) Ermittle die Nullstellen der Funktionen.
e) Gib den Definitions- und den Wertebereich der Funktionen an.
f) Beschreibe, wie die Graphen von $f_1(x) = x^3 - 1$ und $f_2(x) = (x-1)^3$ aus $f(x) = x^3$ hervorgehen.
g) Gib eine Umkehrfunktion zu h an.
h) In welcher Beziehung stehen die Funktionen f und g zueinander?

Aufgabe 7

In einem Labor soll überprüft werden, ob sich eine Algenart exponentiell oder linear vermehrt.
Nach drei Tagen wurden 240 Algen gezählt, nach 10 Tagen waren es 359.

a) Lineares Wachstum kann mit der Gleichung $f(x) = mx + n$ ($m, n, x \in \mathbb{R}$) und exponentielles Wachstum mit $w(x) = w_0 \cdot q^x$ ($q, w, x \in \mathbb{R}$) beschrieben werden. Gib die praktische Bedeutung von x, $f(x)$ und $g(x)$ an.
b) Wie viele Algen sind nach 10, 20 und 30 Tagen bei linearem und bei exponentiellem Wachstum vorhanden?
c) Der Versuch begann mit 200 Algen.
Berechne die prozentuale Abweichung zum Startwert des linearen und exponentiellen Wachstums. Entscheide, welche Wachstumsart vermutlich vorliegt.
d) Nach wie vielen Tagen hat sich der Bestand verzehnfacht, wenn hierbei von einem exponentiellen Wachstum, einem Startwert von 200 und dem auf Hundertstel gerundeten Wachstumsfaktor ausgegangen wird?
e) Ein wirksames Mittel schränkt das tägliche Wachstum auf 2 % ein.
Wie viele Algen sind nach 10, 20 und 30 Tagen noch vorhanden, wenn das Mittel zu Beginn der Untersuchung an 200 Algen eingesetzt wurde?

Aufgabe 8

Löse die folgenden Sachaufgaben.

a) Faltet man ein Blatt Papier 3-mal jeweils auf die Hälfte zusammen, so ist das zusammengefaltete Papier etwa 1 mm dick.
Wie dick wäre das zusammengefaltete Papier, wenn man das Blatt Papier derartig 15-mal gefaltet hätte?

b) Ein Würfel hat das dreifache Volumen wie ein Quader mit den Kantenlängen 2 m, 3 m und 4 m.
Wie groß ist der Oberflächeninhalt des Würfels?

c) Das quadratische Grundstück von Herrn Fenske mit einem Flächeninhalt von $1089\,\text{m}^2$ soll mit einem Zaun abgegrenzt werden, wobei 3 m für die Einfahrt offen bleiben sollen.
Wie viel Meter Zaun werden dafür gebraucht?

d) Norman soll am Kopierer ein rechteckiges Foto so vergrößern, dass die Kopie eine Fläche ausfüllt, deren Flächeninhalt 3-mal so groß ist wie der des Fotos.
Am Kopierer wird aber immer nur die Vergrößerung der Seitenlängen in Prozent angegeben.
Welchen Prozentwert muss Norman am Kopierer einstellen?

e) Gegeben sei ein Quadrat mit der Seitenlänge von 32 cm. Die Mitten der Seiten seien jeweils die Eckpunkte eines neuen, kleineren Quadrates.
Welchen Flächeninhalt hat das zehnte, auf diese Weise konstruierte Quadrat?

Aufgabe 9

Der Vater von Lea hat direkt nach ihrer Geburt für sie ein Sparbuch eingerichtet und 2000,00 € eingezahlt.
Das Guthaben wird mit 3,5 % p. a. verzinst.
Leas Mutter überlegt, wie viel Geld auf dem Sparbuch zum 14., 16. und 18. Geburtstag ihrer Tochter ist, wenn nichts zusätzlich eingezahlt und nichts abgehoben wird.

a) Stelle für die Berechnung des Guthabens nach beliebig vielen Jahren eine Funktionsgleichung auf. Gib die praktische Bedeutung der eingeführten Variablen an.

b) Bestimme das jeweilige Guthaben zum 14., 16. und 18. Geburtstag von Lea.

c) Handelt es sich bei der Funktion um eine Potenzfunktion? Begründe deine Entscheidung.

d) Wie viel Euro hatte Lea zum 18. Geburtstag mehr, wenn ihr Vater bei einer anderen Bank ein Sparbuch mit 3,9 % p. a. eröffnet hätte?

Aufgabe 10

Ein Mischbrot kostete 1992 rund 0,85 €. Der jährliche Preisanstieg liegt seitdem bei ca. 5 %.

a) Stelle für diesen Sachverhalt eine Funktionsgleichung auf. Gehe davon aus, dass der Preisanstieg stets gleich bleibt.

b) Wofür stehen in der Funktionsgleichung die Variablen x und y?

c) Wie teuer wäre dieses Mischbrot im Jahr 2004?

d) Wie viel Euro müsste man im Jahr 2020 zahlen, wenn man den Preisanstieg von 5 % auch für die kommenden Jahre zugrunde legt?

e) In welchem Jahr kostet ein derartiges Brot rund 1,14 €?

f) Wie hoch wäre der jährliche Preisanstieg gewesen, wenn das Brot im Jahr 2004 nur 1,04 € gekostet hätte?

Aufgabe 11

Beim senkrechten Fall eines Steins aus einer bestimmten Höhe h gilt für die Berechnung der Fallzeit t in guter Näherung folgende Funktionsgleichung.
$t = \sqrt{\frac{2 \cdot h}{g}}$ mit $g = 10\,\frac{\text{m}}{\text{s}^2}$

a) Jeweils ein Stein fällt aus einer Höhe von 1 m, 5 m, 10 m und 25 m.
Gib die Fallzeiten in Sekunden an.

b) Ein Stein fällt in einen tiefen Schacht und schlägt nach 6,3 Sekunden auf.
Wie tief ist der Schacht?

c) Veranschauliche die Zuordnung von Höhe und Fallzeit mithilfe eines Graphen in einem Koordinatensystem.

d) Mithilfe der Umkehrfunktion kann jeder Fallzeit eine bestimmte Höhe zugeordnet werden.
Wie lautet die Gleichung der Umkehrfunktion?

Dreiecke und Winkelfunktionen

Bei Berechnungen an geometrischen Figuren helfen oft Skizzen den Lösungsansatz zu finden. Ist die Zeichnung relativ maßstabsgetreu, können mit ihr auch die Lösungen abgeschätzt werden. In zahlreichen Situationen hilft die Satzgruppe des Pythagoras weiter. Beachte, dass diese nur für rechtwinklige Dreiecke gilt.

Test zu den Grundfertigkeiten

1 Welche der Formeln gelten nach dem Satz des Pythagoras?

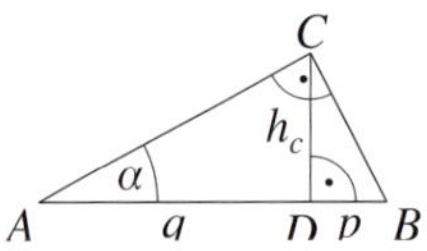

A $a + b = c$

B $a^2 + b^2 = c^2$

C $b^2 = h_c^{\,2} + q^2$

D $b = \sqrt{c^2 - a^2}$

2 Gib die Länge der Hypotenuse c im Dreieck ABC mit $a = 3\,\text{cm}$ und $b = 4\,\text{cm}$.

A $c = 5\,\text{cm}$

B $c = 0{,}05\,\text{cm}$

C $c = 7\,\text{cm}$

D $c = 50\,\text{cm}$

3 Berechne die Längen der blauen Strecken.

a)

A $x \approx 5{,}20\,\text{cm}$

B $x \approx 3{,}16\,\text{cm}$

C $x \approx 7{,}21\,\text{cm}$

D $x \approx \sqrt{52}\,\text{cm}$

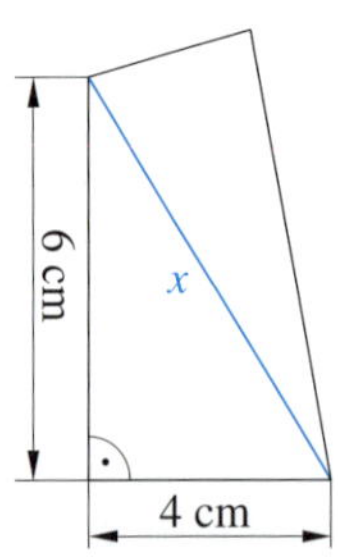

b)

A $x \approx 7{,}5\,\text{m}$

B $x \approx 5{,}41\,\text{m}$

C $x \approx \sqrt{29{,}25}\,\text{m}$

D $x \approx 2{,}74\,\text{m}$

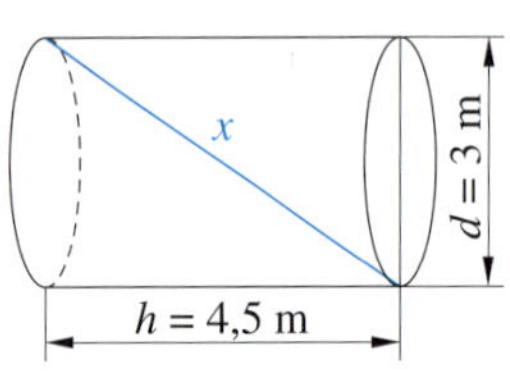

4 Markiere die zum Dreieck ABC in Aufgabe 1 richtig aufgestellten Formeln.

A $\sin\alpha = \frac{a}{c}$

B $\cos\beta = \frac{p}{h_c}$

C $\frac{\sin\alpha}{a} = \frac{\sin\beta}{b}$

D $\tan\gamma = \frac{a}{b}$

5 Stelle $c^2 = a^2 + b^2 - 2ab \cdot \cos\gamma$ nach $\cos\gamma$ um.

____

____

6 Vom rechtwinkligen Dreieck ABC sind bekannt: $\gamma = 90°$, $b = 40\,\text{mm}$ und $c = 120\,\text{mm}$. Bestimme α und β.

A $\alpha \approx 70{,}53°$

B $\alpha \approx 65{,}38°$

C $\beta \approx 24{,}62°$

D $\beta \approx 19{,}47°$

7 Vom rechtwinkligen Dreieck ABC sind bekannt: $\gamma = 90°$, $\alpha = 25{,}6°$ und $c = 8{,}93\,\text{cm}$. Bestimme a.

A $a \approx 0{,}39\,\text{dm}$

B $a \approx 3{,}86\,\text{cm}$

C $a \approx 6{,}58\,\text{cm}$

D $a \approx 65{,}8\,\text{mm}$

8 Von einem <u>beliebigen</u> Dreieck ABC sind bekannt: $a = 5\,\text{cm}$, $b = 6\,\text{cm}$ und $c = 8\,\text{cm}$. Bestimme β und γ.

A $\gamma \approx 92{,}87°$

B $\beta \approx 48{,}50°$

C $\beta \approx 92{,}88°$

D $\gamma \approx 48{,}51°$

9 Von einem <u>beliebigen</u> Dreieck ABC sind bekannt: $a = 9\,\text{cm}$, $b = 9\,\text{cm}$, und $\gamma = 60°$. Bestimme c.

A $c = 9\,\text{cm}$

B $c = 14{,}25\,\text{cm}$

C $c = 90\,\text{mm}$

D $c = 1{,}425\,\text{cm}$

10 Kreuze die zugehörige Funktionsgleichung an.

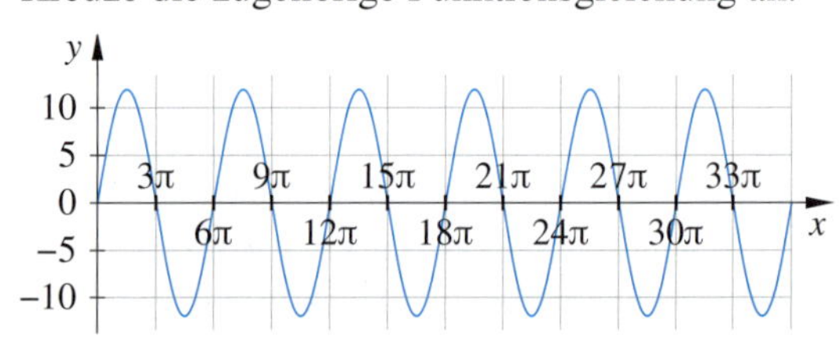

A $f(x) = \frac{1}{3}\cos(12x)$

B $f(x) = \frac{1}{3}\sin(12x)$

C $f(x) = 12\cos\left(\frac{1}{3}x\right)$

D $f(x) = 12\sin\left(\frac{1}{3}x\right)$

11 Ergänze.

α in Grad	45	135		
α in rad			0,33	−1,6

9 bis 11 Aufgaben sind richtig. Deine Grundfertigkeiten sind gut.
7 bis 8 Aufgaben sind richtig. Deine Grundfertigkeiten sind befriedigend.
Weniger als 7 Aufgaben sind richtig. Deine Grundfertigkeiten sind noch nicht ausreichend.

Literaturhinweis: Mathematik in Übersichten S. 149 ff. und S. 155 ff.

AUFGABEN ZUM TRAINIEREN

AUFGABE 1

Löse die folgenden Aufgaben zu trigonometrischen Funktionen.

a) Gegeben sind die Gleichungen der Funktionen f und g mit $y = f(x) = \sin x$ und $y = g(x) = \cos x$. Ergänze die Wertetabellen und skizziere die Graphen im Intervall $[0; 2\pi]$.

x in Grad	0	45	90	135	180	270	360
$\sin x$							

x in rad	0	$\frac{\pi}{4}$	$\frac{\pi}{2}$	$\frac{3}{4}\pi$	π	$\frac{3}{2}\pi$	2π
$\cos x$							

b) Gib die Nullstellen von f und g für $0° \leq x \leq 360°$ an.

c) Gib jeweils den Wertebereich und den Definitionsbereich von f und g an.

d) Gib die Längen der kleinsten Periode der beiden Funktionen an.

e) Bestimme die Koordinaten der Schnittpunkte der Graphen der Funktionen f und g im Intervall $\pi \leq x \leq 2\pi$.

f) Beschreibe die Graphen folgender Funktionen im Intervall $[-180°; 180°]$.

$f_1(x) = 2\sin x$ $\quad$ $f_2(x) = -\frac{1}{2}\sin x$

$f_3(x) = \sin x + 2$ $\quad$ $f_4(x) = -2\cos x$

$f_5(x) = \sin(2x)$ $\quad$ $f_5(x) = 0{,}5\cos(2x)$

AUFGABE 2

Ermittle alle x-Werte mit $0° \leq x \leq 360°$, die folgende Bedingungen erfüllen.

a) $\sin x = -0{,}6$ $\quad$ b) $\sin x = 0{,}4$ $\quad$ e) $\tan x = -0{,}3$ $\quad$ f) $\tan x = 5{,}8$

c) $\cos x = -0{,}2$ $\quad$ d) $\cos x = 0{,}7$ $\quad$ g) $\sin x = 5{,}6$ $\quad$ h) $\cos x = 5{,}4$

AUFGABE 3

Berechne jeweils die fehlenden Seiten und Winkel der Dreiecke ABC.

- Kennzeichne dazu die gegebenen und gesuchten Größen in entsprechenden Skizzen.
- Konstruiere zur Kontrolle die Dreiecke in einem geeigneten Maßstab aus den gegebenen Stücken mithilfe von Zirkel und Geodreieck oder Geometriesoftware.

a) Dreieck ABC ist rechtwinklig ($\gamma = 90°$).

① $a = 6\,\text{cm}$; $b = 8\,\text{cm}$

② $c = 9\,\text{mm}$; $a = 7\,\text{mm}$

③ $\alpha = 35°$; $c = 12\,\text{m}$

④ $\beta = 65°$; $b = 7\,\text{km}$

b) Dreieck ABC ist nicht rechtwinklig.

① $a = 6\,\text{cm}$; $b = 8\,\text{cm}$; $\gamma = 50°$

② $c = 9\,\text{mm}$; $a = 7\,\text{mm}$; $\alpha = 40°$ (!)

③ $\alpha = 35°$; $c = 12\,\text{m}$; $\beta = 60°$

④ $\beta = 65°$; $b = 7\,\text{km}$; $\gamma = 36°$

AUFGABE 4

Das Dreieck ABC hat die Eckpunkte $A(-6\,|\,4)$, $B(6\,|\,6)$ und $C(-6\,|\,2)$.

a) Gib jeweils näherungsweise die Koordinaten der Schnittpunkte der Höhen, der Mittelsenkrechten, der Seitenhalbierenden und der Winkelhalbierenden des Dreiecks ABC an.

b) Gib jeweils näherungsweise die Koordinaten vom Schwerpunkt und die Mittelpunkte von Um- bzw. Inkreis des Dreiecks ABC an.

c) Berechne den Flächeninhalt und den Umfang.

AUFGABE 5

Das Viereck $ABCD$ ist ein gleichschenkliges Trapez, dessen Eckpunkte auf einem Kreis mit dem Durchmesser $\overline{AB}$ liegen. Es seien $\overline{AB} = 9\,\text{cm}$ und $\alpha = 30°$.

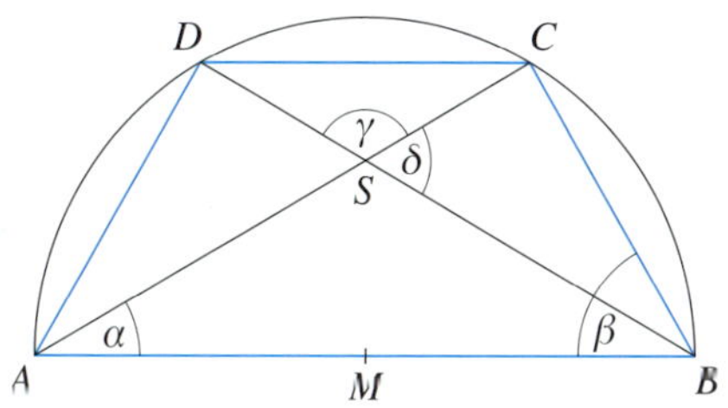

a) Berechne die Größe der Winkel β, γ und δ.

b) Bestimme die Länge der Strecke $\overline{CD}$.

c) Berechne den Umfang u und den Flächeninhalt A des Trapezes.

d) Zerlegen die Diagonalen das Trapez in ähnliche Dreiecke? Begründe deine Antwort.

e) Konstruiere das Trapez $ABCD$.

AUFGABE 6

Die Firma Schmidt schließt an einer Außenleuchte einen Infrarot-Bewegungsmelder an. Dieser wird in einer Höhe von 2 m am Bürogebäude angebracht. Er schaltet die Lampe ein, wenn man sich ihr nähert.

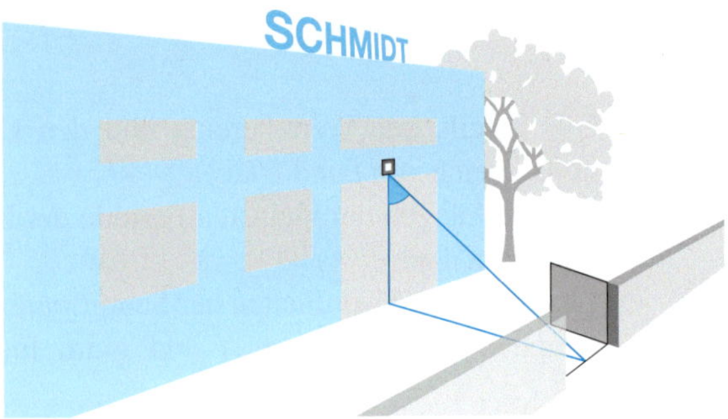

a) Wie groß muss der Neigungswinkel zur Vertikalen sein, damit die Lampe angeht, wenn man das 5 m vom Bürogebäude entfernte Tor öffnet?
b) Berechne, bei welcher Entfernung vom Gebäude die Lampe angeht, wenn der Neigungswinkel zur Vertikalen 52° beträgt.
c) Bei welcher Entfernung vom Gebäude wird die Lampe angehen, wenn der Neigungswinkel 52° beträgt und der Bewegungsmelder in einer Höhe von 1,80 m angebracht ist?

AUFGABE 7

Löse folgende Sachaufgaben mithilfe von Rechnungen oder näherungsweise mittels maßstäblicher Zeichnungen. Gib jeweils den gewählten Maßstab an.

a) Eine Leiter ist 2 m lang. Der Winkel zwischen Boden und Leiter beträgt 75°.
Bis zu welcher Höhe reicht die Leiter?
b) Ingrid liest auf einem Verkehrsschild: „Anstieg 12 %“. Frauke erklärt ihr, dass auf 100 m waagerechter Entfernung die Höhe um 12 m steigt. Bestimme den Anstiegswinkel.

c) Der Fernsehturm in Berlin ist rund 370 m hoch. Ermittle, in welcher Entfernung vom Turm dieser unter einem Höhenwinkel von 50° erscheint.
d) Klaus hat bei einer Seilbahnfahrt an der Talstation folgende Durchschnittsangaben gefunden:
Geschwindigkeit der Seilbahn: 2 m/s;
Anstiegswinkel: 20°; Fahrtdauer: 10 min.
Berechne den Weg, den die Seilbahn zurücklegt. Welcher Höhenunterschied wird dabei überwunden?
e) Kann man aus einem kreisrunden Tischtuch mit einem Durchmesser von 150 cm ein rechteckiges Tischtuch mit einer Länge von 130 cm und einer Breite von 85 cm herausschneiden?
Begründe deine Antwort mithilfe einer maßstäblichen Zeichnung und einer Rechnung.
f) Frau Mayer bekam ein Gemälde geschenkt. Sie möchte es im Wohnzimmer an einem Haken befestigen. Das Gemälde hat eine Breite von 1,20 m und eine Höhe von 0,50 m. An den oberen Eckpunkten ist eine 1,40 m lange Schnur angebracht. In welcher Höhe muss Frau Mayer den Haken anbringen, damit die Unterkante des Bildes 1,50 m über dem Fußboden ist?

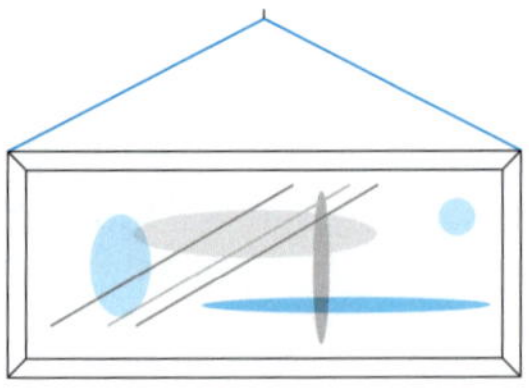

AUFGABE 8

Birgit möchte gerade quadratische Pyramiden basteln. Sie zeichnet ein Netz dieser Körper.

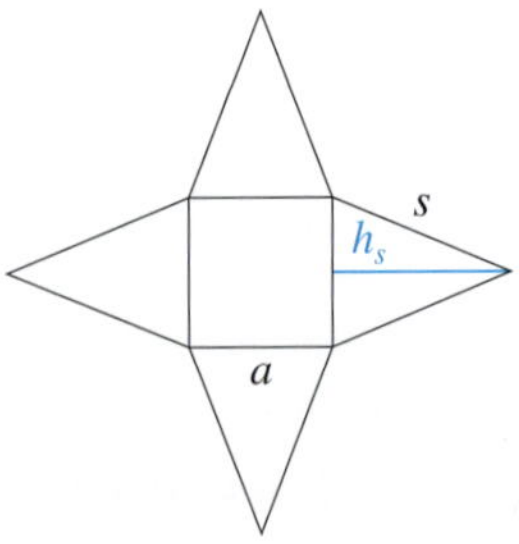

$a = 50\,\text{cm}$
$h_s = 60\,\text{cm}$

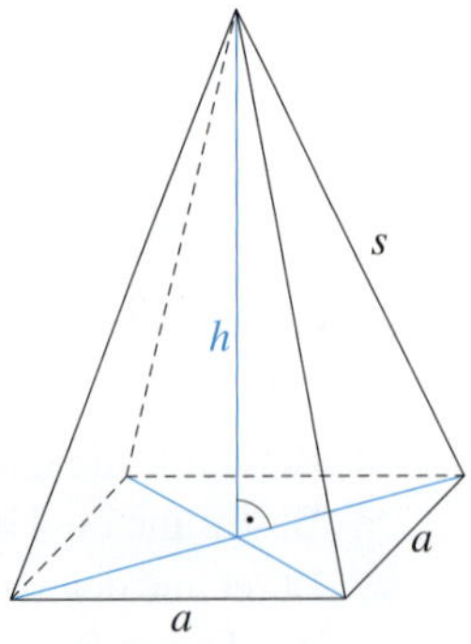

a) Berechne den Flächeninhalt einer Seitenfläche.
b) Bestimme die Länge der Kante s.
c) Welche Höhe h wird die fertiggebastelte Pyramide haben?
d) Zum Geburtstag ihres kleinen Bruders Tristan baut sie eine Slalomstrecke mit geradliniger Entfernung von 10 m von Start und Ziel auf. Dafür stellt Birgit Pyramiden so auf, dass die Spitzen jeweils zwei Meter von einander entfernt sind. Die Spitze der ersten Pyramide ist einen Meter hinter dem Start und das Ziel ist ein Meter hinter der letzten Pyramide.
Tristan und seine Gäste durchlaufen diese Slalomstrecke „halbkreisförmig“, wobei sie maximal einen Meter von der Start-Ziel-Geraden abweichen.
Skizziere die Slalomstrecke und berechne die Länge der Schlängellinie.

Aufgabe 9

In einem Freizeitpark soll ein Fahnenmast mit einer Gesamthöhe von 33 m bei $\frac{2}{3}$ seiner Höhe durch vier Seile stabilisiert werden. Die Seile werden am Boden 10 m vom Mast entfernt verankert.

a) Bestimme die Länge jedes Seils und die Gesamtlänge der Seile.

b) Wie viel Meter Seil müssen gekauft werden, wenn für die Befestigungen 5 % der Länge zusätzlich benötigt werden?

c) Die Fläche zwischen den Verankerungen soll begrünt werden. Für wie viel Quadratmeter muss mindestens Grassamen gekauft werden, wenn die Fußanker der Abspannseile die Ecken eines Quadrates sind?

Aufgabe 10

Bei der Planung einer Wanderroute wird diskutiert, welcher von zwei Wegen von der Jugendherberge zur Gaststätte entlang des Sees kürzer ist. In der abgebildeten nicht maßstabsgetreuen Zeichnung wurden die wesentlichen Angaben eingetragen. Zur Vereinfachung wurde angenommen, dass alle Wege geradlinig sind und die Punkte A, E und C auf einer Geraden liegen.

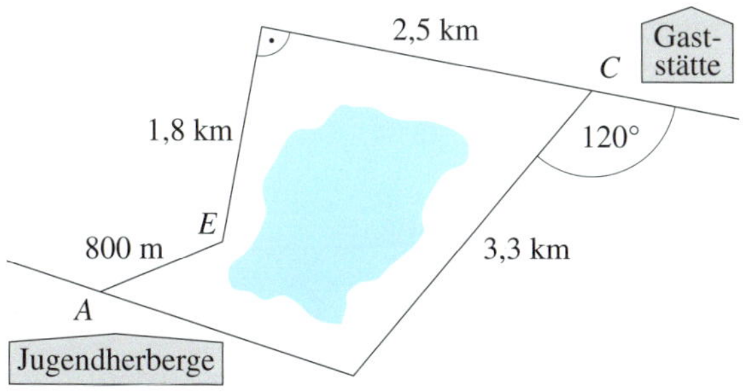

a) Berechne die Weglängen und gib diese mit sinnvoller Genauigkeit an. Welcher Weg ist kürzer?

b) Die Durchschnittsgeschwindigkeit beim Wandern beträgt rund $4\,\frac{\text{km}}{\text{h}}$.
Wie lange würde eine Wanderung einmal um den See etwa dauern?

Aufgabe 11

Burkhard hat bei ornithologischen Beobachtungen (Ornithologie [griechisch] ≙ Vogelkunde) eine Nisthöhle in einem Baumstamm entdeckt. Zur Bestimmung der Höhe der Nisthöhle darf er sich dem Baum nicht zu weit nähern, da die Vögel in der Brutphase sind.
Er bestimmt deshalb den Höhenwinkel $\alpha = 15°$, nähert sich dem Baum um $x = 10$ m und ermittelt den neuen Höhenwinkel $\beta = 25°$. Seine Skizze verdeutlicht dies.

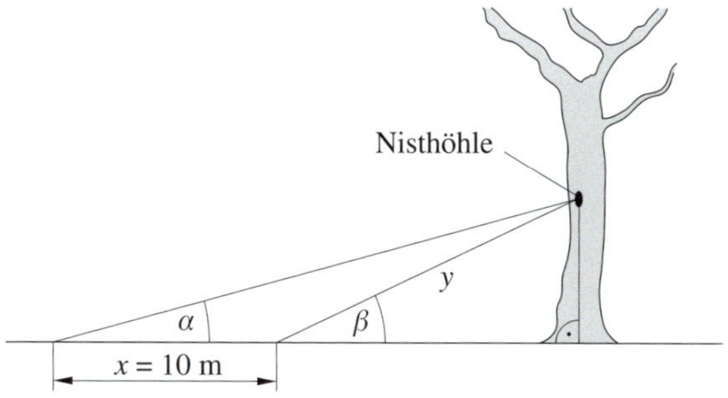

a) Berechne die Höhe der Nisthöhle über dem Erdboden. Bestimme dazu zunächst die Länge der Strecke y.

b) Wie weit war Burkhard bei seiner ersten Messung vom Baumstamm entfernt?

Aufgabe 12

Familie Müller-Heinrich beabsichtigt das skizzierte Grundstück zu erwerben.

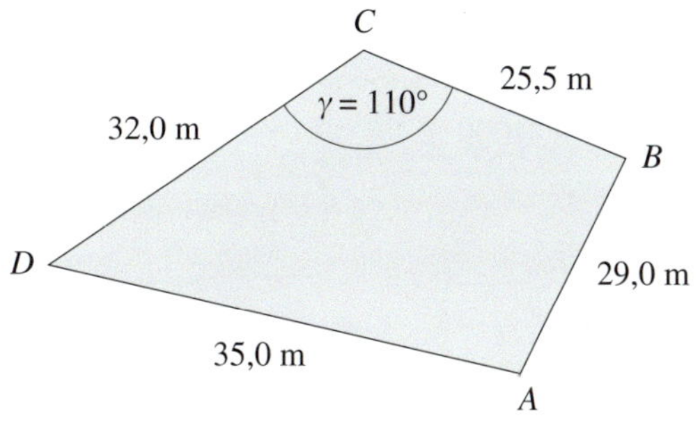

a) Bestimme den Flächeninhalt des Grundstücks.

b) Welcher Kaufpreis ist zu entrichten, wenn das unerschlossene Quadratmeter Bauland in dieser Gegend für 65,00 € verkauft wird?

Geometrie in der Ebene - Vielfältige Aufgaben

Berechnungen an geometrischen Figuren hatten schon im Altertum eine große Bedeutung. Diese ergaben sich aus praktischen Bedürfnissen z.B.: Wie weit geht mein Feld? Wie groß ist das Gebäude? Überall im täglichen Leben gibt es Objekte, die näherungsweise die Form ebener geometrischer Figuren haben.

Test zu den Grundfertigkeiten

1 Gegeben ist das Rechteck. Ermittle dessen Flächeninhalt A. Ermittle dessen Umfang u.

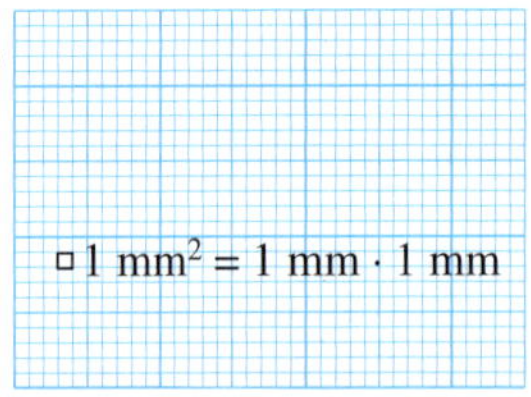

A $A = 875\,\text{mm}^2$ B $u = 12\,\text{cm}$

C $A = 8{,}75 \cdot 10^{-4}\,\text{m}^2$ D $u = 0{,}000\,12\,\text{km}$

2 Ermittle den Flächeninhalt des Dreiecks.

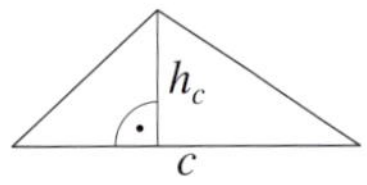

$h_c = 5$ cm
$c = 7$ cm

A $35\,\text{cm}^2$

B $12\,\text{cm}^2$

C $48\,\text{cm}^2$

D $17{,}5\,\text{cm}^2$

3 Welche der Flächen hat den kleinsten Flächeninhalt?

A Quadrat mit 1 cm langen Seiten

B Dreieck mit drei 1 cm langen Seiten

C Rechteck mit 2 cm und 0,4 cm langen Seiten

D Kreis mit einem 1 cm langen Radius

4 Welche der Flächen hat den kleinsten Umfang?

A Quadrat mit 9 mm langen Seiten

B Dreieck mit drei 2 cm langen Seiten

C Drachen mit 2 cm und 0,5 cm langen Seiten

D Kreis mit einem 1 cm langen Durchmesser

5 Berechne den Flächeninhalt A eines Kreisringes mit den Radien $r_1 = 2{,}5$ cm und $r_2 = 1{,}3$ cm.
Du kannst eine Formelsammlung nutzen.

A $A = 3{,}77\,\text{cm}^2$ B $A = 4{,}56 \cdot \pi\,\text{cm}^2$

C $A = 14{,}33\,\text{cm}^2$ D $A = 9{,}68\,\text{cm}^2$

6 Berechne die Größe des Winkels β.

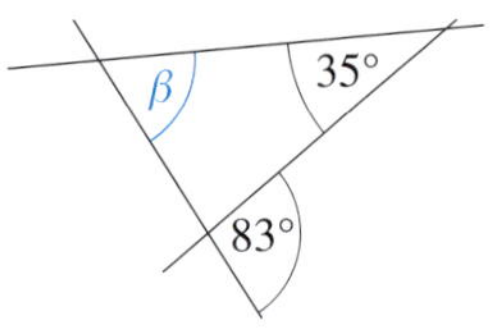

A $\beta = 45°$

B $\beta = 55°$

C $\beta = 83°$

D $\beta = 48°$

7 Berechne die Größe des Winkels α.

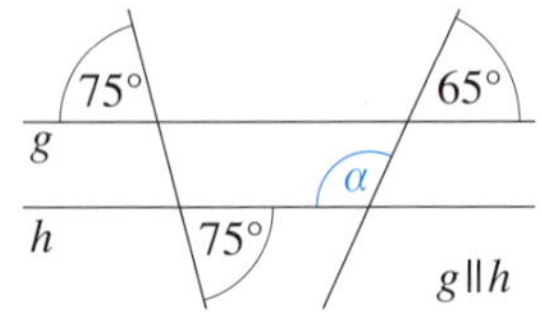

A $\alpha = 65°$

B $\alpha = 75°$

C $\alpha = 115°$

D $\alpha = 135°$

8 Berechne die Länge der Strecke $\overline{CD}$, wenn
$\overline{ZA} = 4{,}2$ cm,
$\overline{ZC} = 3{,}5$ cm,
$\overline{ZB} = 7{,}8$ cm gilt.

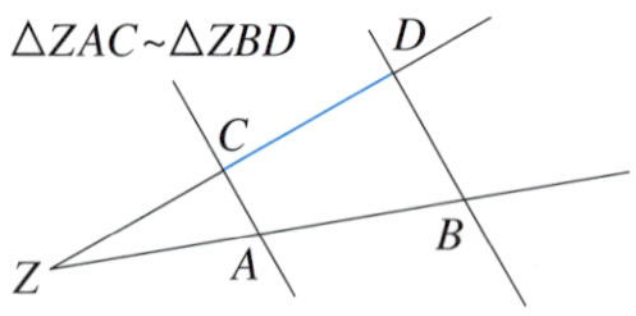

A $\overline{CD} = 3{,}2$ cm B $\overline{CD} = 3{,}6$ cm

C $\overline{CD} = 3{,}0$ cm D $\overline{CD} = 3{,}4$ cm

9 Welche der folgenden Eigenschaften treffen auf Dreieck ZAC und Dreieck ZBD aus Aufgabe 8 zu?

A Sie sind kongruent. B Sie sind ähnlich.

C Sie sind flächengleich. D Sie sind gleichseitig.

10 Die Länge der Originalstrecke ist 8 km. Die Länge der Bildstrecke beträgt 4 cm.
Gib den Maßstab an.

A 1 : 200 000 B 200 000 : 1

C 800 000 : 2 D 8 : 400 000

8 bis 10 Aufgaben sind richtig. Deine Grundfertigkeiten sind gut.
6 bis 7 Aufgaben sind richtig. Deine Grundfertigkeiten sind befriedigend.
Weniger als 6 Aufgaben sind richtig. Deine Grundfertigkeiten sind noch nicht ausreichend.

Literaturhinweis: Mathematik in Übersichten S. 101 ff. und S. 141 ff.

Aufgaben zum Trainieren

Aufgabe 1

Von einem rechteckigen Sportplatz *ABCD* sind die Diagonale $\overline{AC} = 125\,\text{m}$ und die Seite $\overline{BC} = 75\,\text{m}$ bekannt.

a) Zeichne zuerst eine Skizze und konstruiere danach das Rechteck *ABCD* im Maßstab 1 : 1000 aus den gegebenen Werten.
b) Berechne die Länge der Rechteckseite $\overline{AB}$.
c) Der rechteckige Sportplatz soll mit einem hohen Zaun eingezäunt werden. Alle 5 Meter werden dafür Zaunpfähle benötigt.
Wie viele sind dies?
d) Gib den Flächeninhalt des rechteckigen Sportplatzes an.
e) Ein anderer Sportplatz hat den gleichen Flächeninhalt, ist jedoch quadratisch.
Welche Seitenlänge hat er?

Aufgabe 2

Ein Terrassenzimmer mit Kamin soll mit Marmorfliesen ausgelegt werden. Die ausgewählten Fliesen sind quadratisch und haben eine Seitenlänge von 35 cm. Ein Quadratmeter dieser Marmorfliesen kostet 36,50 €.

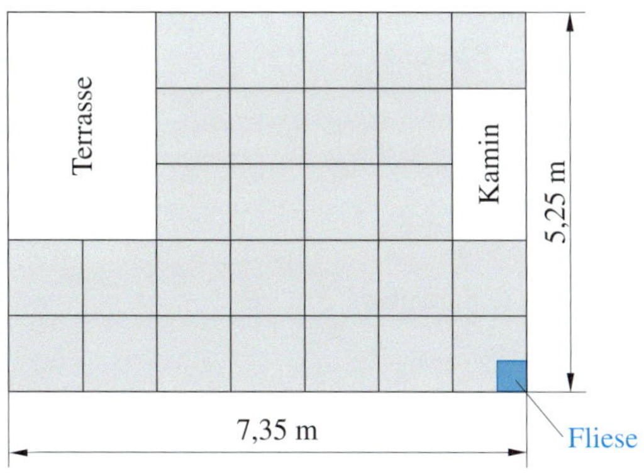

a) Bestimme mithilfe der kongruenten Quadrate in der Skizze die Länge und die Breite der Fläche, die der Kamin einnimmt.
b) Ermittle die Größen der Flächen, die die Terrasse und der Kamin einnehmen.
c) Berechne den Flächeninhalt des grau dargestellten Anteils des Zimmers, der mit Fliesen ausgelegt werden soll.
d) Wie viele Fliesen benötigt der Eigentümer für dieses Vorhaben mindestens?
e) Mit welchen Kosten für die Marmorfliesen sollte mindestens gerechnet werden?

Aufgabe 3

Das Parallelogramm *ABCD* ist duch den Innenwinkel $\alpha = 62°$ sowie die Seiten $a = 6{,}4\,\text{cm}$ und $b = 4{,}2\,\text{cm}$ gegeben.

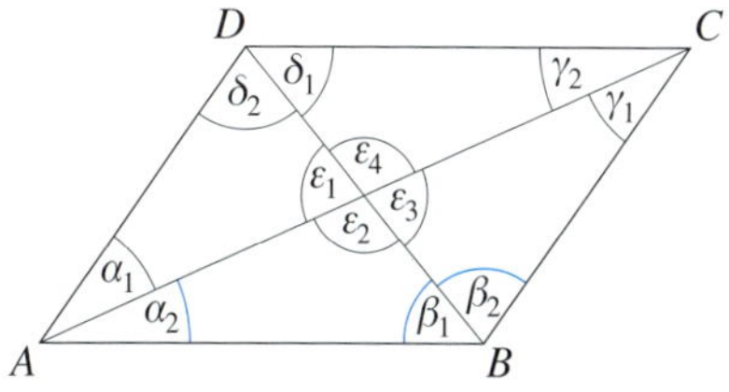

a) Konstruiere das Parallelogramm *ABCD* aus den gegebenen Stücken.
b) Berechne den Flächeninhalt *A* des Parallelogramms und gib ihn in Quadratdezimeter an.
c) Berechne den Umfang *u* und gib ihn in Dezimeter an.
d) Gib alle Winkelpaare an, die Scheitelwinkel, Nebenwinkel oder Wechselwinkel sind.
e) Welche Winkel sind gleich groß?
f) Welche Winkel eines Paares ergeben zusammen 180°?
g) In einem anderen Parallelogramm sei $\alpha_2 = 20°$, $\beta_1 = 50°$ und $\beta_2 = 80°$.
Berechne alle anderen Winkelgrößen.
h) Die Diagonalen des Parallelogramms schneiden einander im Punkt *M*.
Begründe, warum Dreieck *AMD* kongruent zum Dreieck *BCM* ist.

Aufgabe 4

Sechs zylindrische Rohre mit einem Außendurchmesser von 50 cm werden wie abgebildet übereinander gestapelt.

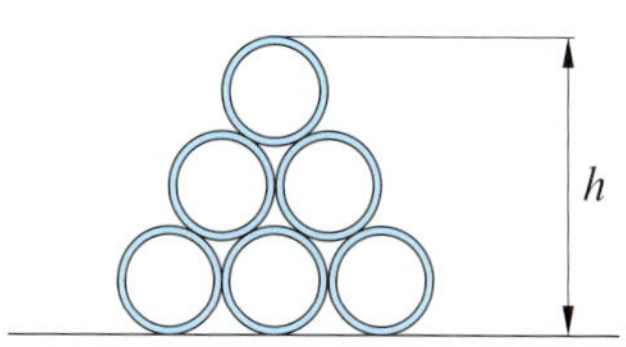

a) Fertige eine maßstäbliche Zeichnung an.
b) Ermittle die Höhe *h* aus der Zeichnung.
c) Ermittle mithilfe einer Rechnung die Höhe *h* des Rohrstapels und gib diese in Dezimeter an.
d) Welchen Durchmesser haben die Rohre, wenn die Höhe des Stapels $h = 1{,}23\,\text{m}$ beträgt?

Aufgabe 5

Die Karte zeigt Berlin und Brandenburg im Maßstab 1 : 2 000 000, d. h., eine Strecke von einem Zentimeter auf der Karte ist in der Realität 20 km lang.

a) Ermittle die Entfernung zwischen Potsdam und Cottbus.
b) Schätze, wie groß die Flächen von Berlin und Brandenburg sind. Erkläre deine Vorgehensweise.

Aufgabe 6

Die Figuren entstanden aus Quadraten mit der Seitenlänge a und Kreisen, deren Durchmesser d so lang wie a ist.

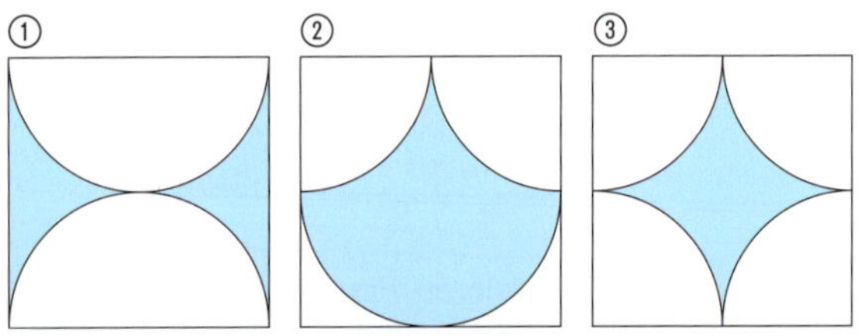

a) Zeichne die Figuren. Beginne jeweils mit einem Quadrat mit 1 dm langen Seiten.
b) Ermittle den Flächeninhalt des blauen Anteils in jeder Figur, wenn der Durchmesser $d = 1$ dm und die Seitenlänge $a = 1$ dm betragen.
c) Ermittle die Umfänge der blauen Flächen in Bild ① und ③, wenn $d = 1$ dm und $a = 1$ dm.
d) Wie viel Prozent vom Flächeninhalt des jeweiligen Quadrates sind blau gefärbt?

Aufgabe 7

Das Viereck $ABCD$ und die Strecke $\overline{EF}$ sind in einem Koordinatensystem gegeben. Das Viereck hat die Eckpunkte $A(-4|1)$, $B(-2|1)$, $C(-1{,}5|3)$ und $D(-3{,}5|4)$. Die Strecke wird durch die Punkte $E(1|1)$ und $F(1|4)$ festgelegt.

a) Zeichne auf Millimeterpapier das Viereck $ABCD$ und die Strecke $\overline{EF}$ in ein Koordinatensystem.
b) Ermittle den Umfang des Vierecks $ABCD$.
c) Ermittle rechnerisch oder mithilfe der Zeichnung den Flächeninhalt des Vierecks $ABCD$.
d) Gib die Koordinaten des Viereckes $A'B'C'D'$, das bei der Spiegelung vom Viereck $ABCD$ an der Geraden durch E und F entsteht, an.
e) Gib die Koordinaten des Vierecks $A''B''C''D''$ an, das bei der zentrischen Streckung vom Viereck $ABCD$ entsteht, wenn $Z(0|1)$ Streckungszentrum und $k = 2{,}5$ Streckungsfaktor ist.

Geometrie im Raum – Vielfältige Aufgaben

Geometrische Körper werden oft zum Beschreiben realer Körper genutzt. Eine Litfaßsäule und ein runder Käse können z. B. vereinfacht als Zylinder aufgefasst werden. Bei der Berechnung des Oberflächeninhalts, des Volumens, ... können Formeln angewandt werden.

Test zu den Grundfertigkeiten

1 Wie viel Wasser kann man in einen hohlen Würfel mit 1 dm Kantenlänge füllen? Nutze notfalls eine Formelsammlung.

A $0{,}1\,\text{dm}^3$ B 1 l
C 0,01 hl D $1000\,\text{cm}^3$

2 Ein neues Aquarium aus dünnem Spezialglas hat eine Länge a von 60 cm, eine Breite b von 50 cm und eine Höhe h von 30 cm. Es wird nur zur Hälfte mit Wasser gefüllt. Wie viel Wasser enthält das Aquarium danach?

A $V_W \approx 90\,000\,\text{cm}^3$ B $V_W \approx 45\,000$ ml
C $V_W \approx 90$ l D $V_W \approx 45\,000\,\text{cm}^3$

3 Berechne das Volumen V eines geraden Kegels mit der Höhe $h = 4$ cm und dem Radius $r = 3$ cm. Nutze z. B. die Formel aus der Formelsammlung.

A $V \approx 37{,}70\,\text{cm}^3$ B $V \approx 113{,}10\,\text{cm}^3$
C $V \approx 0{,}04\,\text{cm}^3$ D $V \approx 1{,}13\,\text{cm}^3$

4 Welcher der Körper hat das größte Volumen?

A Kegel mit $r = 4$ cm und $h = 4$ cm
B Kugel mit $r = 4$ cm
C Zylinder mit $r = 4$ cm und $h = 4$ cm
D quadratische Pyramide mit $a = 4$ cm und $h = 4$ cm

5 Auf einem Tisch liegen vier Münzen mit einem Volumen von $0{,}905\,\text{cm}^3$. Es sind anscheinend Goldmünzen. Ihre Masse m ist jedoch unterschiedlich. Welche der Münzen bestehen vermutlich aus Gold? (Gold hat eine Dichte von je $19{,}3\,\frac{\text{g}}{\text{cm}^3}$.)

A $m \approx 0{,}17$ kg B $m \approx 17\,467$ mg
C $m \approx 1{,}75$ g D $m \approx 17{,}5$ g

6 Berechne den Flächeninhalt A_M des Mantels eines geraden Zylinders mit dem Radius r von 2 cm und der Höhe h von 8 cm.

A $A_M \approx 32{,}00\,\text{cm}^2$ B $A_M \approx 100{,}53\,\text{cm}^2$
C $A_M \approx 45{,}36\,\text{cm}^2$ D $A_M \approx 120{,}78\,\text{cm}^2$

7 Berechne die Körperhöhe h eines Kegels mit $r = 5$ cm und einem Volumen von $261{,}8\,\text{cm}^3$.

A $h = 1$ cm B $h = 5$ cm
C $h = 8$ cm D $h = 10$ cm

8 Ermittle den Oberflächeninhalt A_O und das Volumen V des Körpers. Er wurde aus $1\,\text{cm}^3$ großen Würfeln zusammengesetzt.

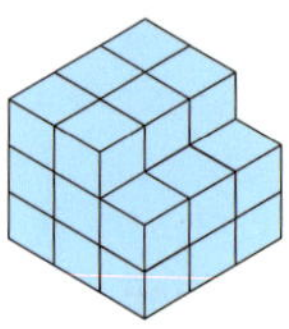

A $V = 24\,\text{cm}^3$ B $V = 25\,\text{cm}^3$
C $A_O = 54\,\text{cm}^2$ D $A_O = 52\,\text{cm}^2$

9 Mit welcher Zahl muss man das Volumen einer Kugel multiplizieren, um das Volumen einer Kugel mit doppeltem Radius zu erhalten?

A 2 B 4
C 6 D 8

10 Kreuze die Würfelnetze an.

A
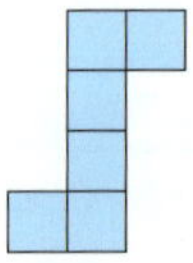
B
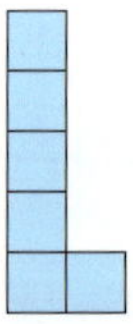
C
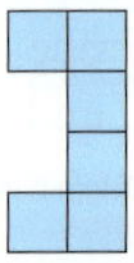
D
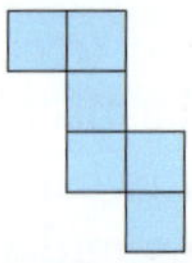

8 bis 10 Aufgaben sind richtig. Deine Grundfertigkeiten sind gut.
6 bis 7 Aufgaben sind richtig. Deine Grundfertigkeiten sind befriedigend.
Weniger als 6 Aufgaben sind richtig. Deine Grundfertigkeiten sind noch nicht ausreichend.

Literaturhinweis: Mathematik in Übersichten S. 169 ff.

Aufgaben zum Trainieren

Aufgabe 1

Es stehen zwei gleich groß erscheinende Keksverpackungen im Regal. Beide sind gerade und insgesamt 19 cm hoch. Eine Dose hat eine rechteckige Grundfläche mit Seitenlängen von 10 cm und 8 cm. Die andere hat eine kreisförmige Grundfläche mit einem Durchmesser von 10 cm. Die aufgesetzten „Deckel“ sind jeweils 7 cm hoch.

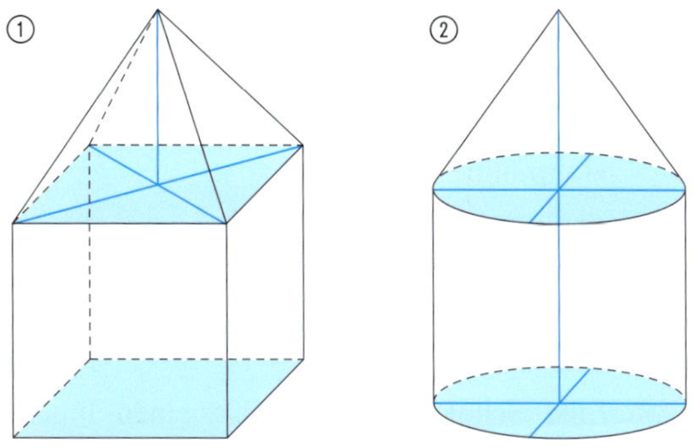

a) Berechne die Volumina der Verpackungen.
b) Um wie viel Prozent ist das Volumen der einen Verpackung größer als das der anderen?
c) Welche Kantenlänge müsste jeweils eine würfelförmige Verpackung mit gleich großem Volumen haben?
d) Wie viel kostet die Außenlackierung von je 100 Verpackungen, wenn 1,00 € pro Quadratmeter zu zahlen ist? Die Grundflächen werden nicht lackiert.

Aufgabe 2

Das abgebildete Haus wird fertiggestellt.

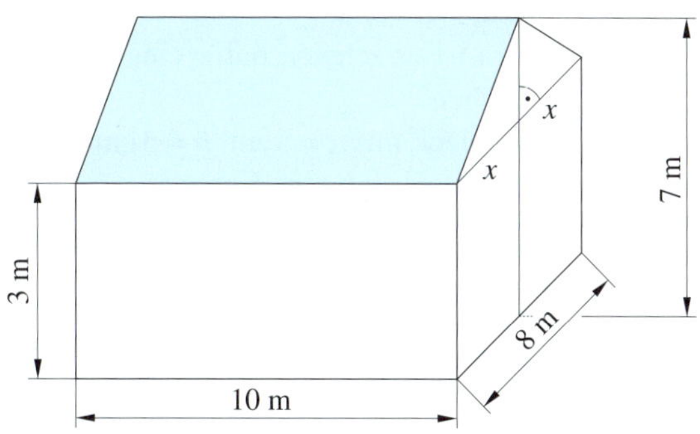

a) Wie teuer ist die Dacheindeckung, wenn man mit 85,00 € je m^2 und 10 % Verschnitt rechnet?
b) Die Außenwände sollen gestrichen werden. Wie groß ist die zu streichende Fläche, wenn Fenster und Türen nicht abgerechnet werden?
c) Um Hausbaukosten vergleichen zu können, berechnet man den umbauten Raum. Darunter versteht man das Volumen des Hauses. Wie teuer ist $1\,m^3$ umbauter Raum, wenn die Baukosten insgesamt 250 000,00 € betragen?
d) Zeichne das Haus im Schrägbild (mit $\alpha = 45°$ und $q = \frac{1}{2}$) in einem geeigneten Maßstab.

Aufgabe 3

Es sollen aus Papier bzw. aus Lehm Körper entsprechend der Vorgaben gebaut werden.

Vorgaben
- *Der Zylinder wird 3 cm hoch und hat einen Radius von 2,5 cm.*
- *Alle Flächen der Pyramide sind gleichseitige Dreiecke mit 4 cm langen Seiten.*
- *Der Kegel ist 3 cm hoch. Sein Durchmesser beträgt 8 cm.*

a) Zeichne die benötigten Körpernetze für den Zylinder und die Pyramide. Berechne gegebenenfalls fehlende Größenangaben.
b) Bestimme, wie viel Kubikzentimeter Lehm zur Herstellung des Zylinders und des Kegels etwa benötigt werden.
c) Der Lehm hat eine Dichte von je rund $1{,}6\,\frac{g}{cm^3}$. Wie schwer sind Zylinder und Kegel zusammen?

Aufgabe 4

Der Querschnitt eines geraden, 250 m langen Grabens ist gegeben.

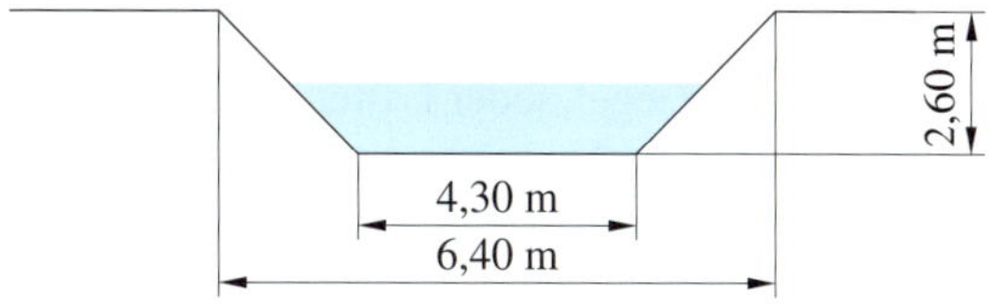

a) Ermittle, wie viel Liter Wasser der Graben höchstens fassen kann.
b) In einem heißen Sommer sinkt der Wasserspiegel bis zur Hälfte der Höhe des Grabens. Wie viel Wasser kann er dann noch aufnehmen?

Aufgabe 5

Die Cheops-Pyramide ist die älteste der drei Pyramiden von Gizeh und die höchste Pyramide der Welt. Ursprünglich war sie 280 Königsellen (1 Königselle $\approx$ 52,3 cm) hoch. Die quadratische Grundfläche maß 440 mal 440 Königsellen.
Heute ist die Cheops-Pyramide etwa 138,50 m hoch und hat eine Grundfläche von 225 m mal 225 m.

a) Zeichne Schrägbilder der ursprünglichen und heutigen Cheops-Pyramide im Maßstab 1 : 2000.
b) Bestimme das Volumen der ursprünglichen und der heutigen Cheops-Pyramide.
c) Wie viel Gestein ist seit dem Bau vor ca. 4600 Jahren verwittert?
d) Ein Internetlexikon gibt das ursprüngliche Gesamtvolumen der Pyramide nach Abzug der Hohlräume mit 2,5 Mio. m^3 und die ursprüngliche Mantelfläche mit 85 500 m^2 an.
Ist das möglich? Wie groß sind demnach die Hohlräume?

Aufgabe 6

Löse folgende Aufgaben mithilfe geeigneter Skizzen.

a) Eine gerade Pyramide hat als Grundfläche ein Quadrat mit 60 mm langen Kanten. Sie ist 1 dm hoch. Berechne das Volumen V und den Oberflächeninhalt A_O der Pyramide.
b) Ein gerader Zylinder ist 27 cm hoch. Die Grundfläche hat einen Durchmesser von 12 cm.
Berechne das Volumen V und den Oberflächeninhalt A_O des Körpers.
c) Eine oben offene zylindrische Regentonne aus grünem Plastik fasst insgesamt 400 Liter Wasser. Sie hat einen Durchmesser von 80 cm.
Wie hoch ist die Tonne?
d) Eine Schokoladenkugel hat einen Innendurchmesser von 25 mm. Sie ist zur Hälfte mit Marzipan gefüllt. Welches Volumen nimmt die Marzipanfüllung ein?
e) Ein Fußball hat einen Radius von 11 cm. Wie viel Quadratzentimeter Leder braucht man mindestens zur Herstellung des Balls?
Warum ist es schwer, dafür einen genauen Wert anzugeben?
f) Ein Dreieck mit $a = 5$ cm, $b = 3$ cm und $c = 4$ cm rotiert jeweils um eine Kathete.
Berechne die Volumina der Rotationskörper.

Aufgabe 7

Ein Container ist innen 2,80 m lang, 2 m breit und 0,90 m hoch.

Schutthöhe in m	0	0,15	0,30	0,45	0,60	0,75	0,90
Volumen in m^3							

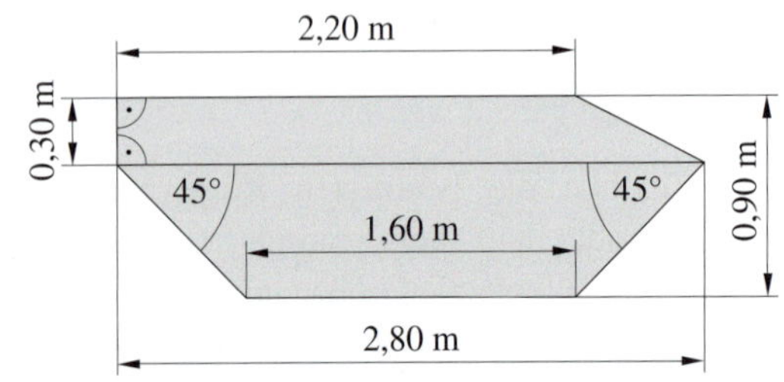

a) Ergänze die Wertetabelle.
b) Der Container ist bis zur halben Höhe mit Schutt gefüllt. Ist er jetzt auch „halb voll"?
Begründe deine Meinung.
c) Fertige von dem Container eine Zeichnung in Kavalierperspektive (Schrägbild mit $\alpha = 45°$ und $q = \frac{1}{2}$) im Maßstab 1 : 25 an.

Aufgabe 8

Ein Gewächshaus mit Pultdach wurde als Schrägbild dargestellt.

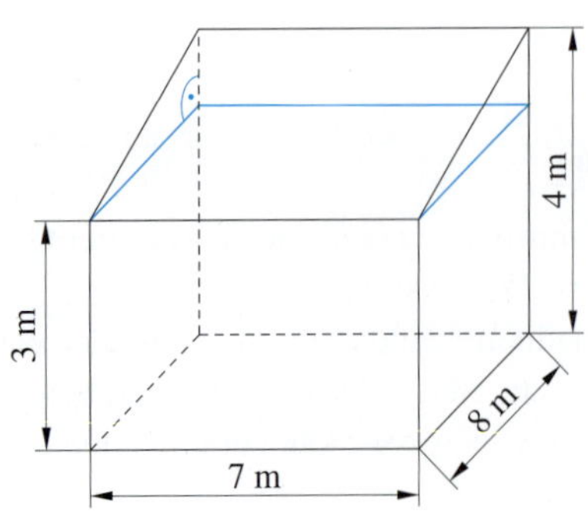

a) Fertige von diesem Haus ein Zweitafelbild im Maßstab 1 : 100 an.
b) Berechne, unter welchem Winkel die Dachfläche gegenüber der Grundfläche geneigt ist.
c) Für einen Quadratmeter Dachfläche benötigt man 46 Ziegel, jeder kostet 1,20 €. Es sollen 5 % mehr als die benötigte Anzahl gekauft werden.
Mit welchen Kosten für Ziegel muss der Bauherr rechnen?

Aufgabe 8

Um die Breite eines Flusses zu bestimmen, wurde im Gelände die abgebildete Figur $ABEF$ abgesteckt und der Punkt C angepeilt.
Die bekannten Streckenlängen sind: $\overline{AF} = 55\,\text{m}$; $\overline{BE} = 30\,\text{m}$; $\overline{FE} = 45\,\text{m}$; $\overline{DE} = 15\,\text{m}$.

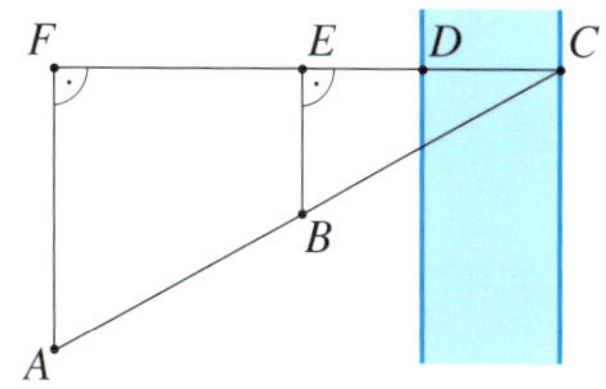

a) Ermittle die Flussbreite zeichnerisch. Verwende dazu einen geeigneten Maßstab.

b) Berechne die Breite des Flusses unter Verwendung der gegebenen Streckenlängen.

Aufgabe 9

Eine Gemeinde bietet die Grundstücke $A, B, \ldots, F$ zum Kauf an.

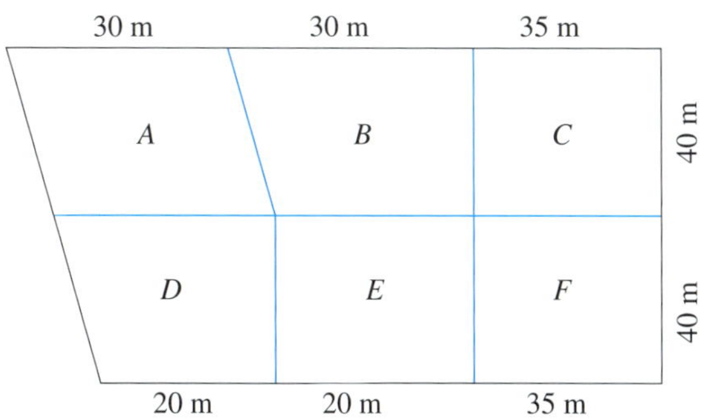

a) Berechne die Flächeninhalte der Grundstücke.

b) Der Grundstückspreis liegt bei 130,00 € pro m². Familie Meier kann maximal 150 000,00 € für ihr Grundstück zahlen.
Welche Flächen könnte sie sich kaufen?

c) Die Besitzer von Grundstück A möchten dieses vollständig einzäunen und ein 3 m breites Tor einbauen.
Wie viel Meter Zaun werden dafür benötigt?

d) Rechts von Grundstück C und F liegt ein 80 m langes Grundstück mit einem Flächeninhalt von $1400\,\text{m}^2$. Wie breit ist es?

Aufgabe 10

Eine Fläche von 200 m mal 400 m wird neu geordnet. Die Tabelle gibt die dadurch auftretenden Kosten an.

	zu Erholungsfläche	zu Landwirtschaftsfläche	zu Industriefläche
von Erholungsfläche	–	25,00 € pro m²	20,00 € pro m²
von Landwirtschaftsfläche	20,00 € pro m²	–	15,00 € pro m²
von Industriefläche	40,00 € pro m²	35,00 € pro m²	–

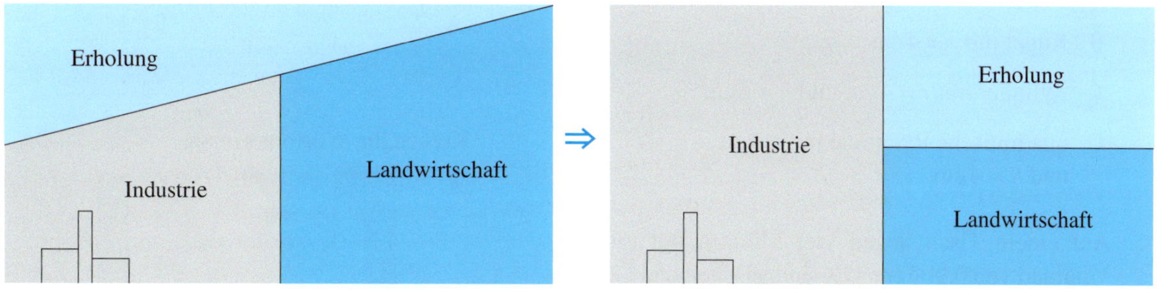

a) Bestimme jeweils für die alte (linke) und für die neue (rechte) Einteilung die Größe der Erholungsfläche, der Industriefläche und der Landwirtschaftsfläche. Gib jeweils den Anteil von der Gesamtfläche in Prozent an.

b) Zeichne eine „Kostenkarte“. Trage dazu die alte sowie die neue Art der Flächennutzung und die jeweils entstehenden Kosten in ein maßstäblich gezeichnetes Rechteck ein.

c) Wie groß ist die Fläche, auf der es keine Nutzungsänderungen gibt?

d) Bestimme die Größe der Fläche, die von einer Erholungsfläche zu einer Industriefläche umgewandelt wird.

e) Überlege, wie mithilfe einer Tabelle die einzelnen Nutzungsänderungen in Quadratmeter übersichtlich angegeben werden können.
Entwirf eine geeignete Tabelle.

f) Berechne die Gesamtkosten der Neuordnung.

g) Finde eine preisgünstigere Möglichkeit der Umstrukturierung. Beachte die gegebenen Flächengrößen.

Aufgabe 9

Auf einer Internetseite stand zur abgebildeten Halle.

„Sie hat eine Grundfläche von 66 000 m². Mit einer Länge von 360 m, einer Breite von 210 m und einer Höhe von 107 m ist die Halle so groß, dass in ihr 8 Fußballfelder Platz finden."

a) Skizziere möglichst genau die Grundfläche der Halle.
b) Überprüfe mit deiner Skizze, ob tatsächlich acht Fußballfelder Platz in der Halle finden würden.
c) Skizziere zwei unterschiedliche Querschnitte der Halle.
d) Beschreibe, wie das Volumen der Halle näherungsweise berechnet werden kann.

Aufgabe 10

Das Netz einer Pyramide ist im Koordinatensystem maßstabsgetreu dargestellt.
Die Seitenlänge des blauen Quadrates entspricht einer Längeneinheit.

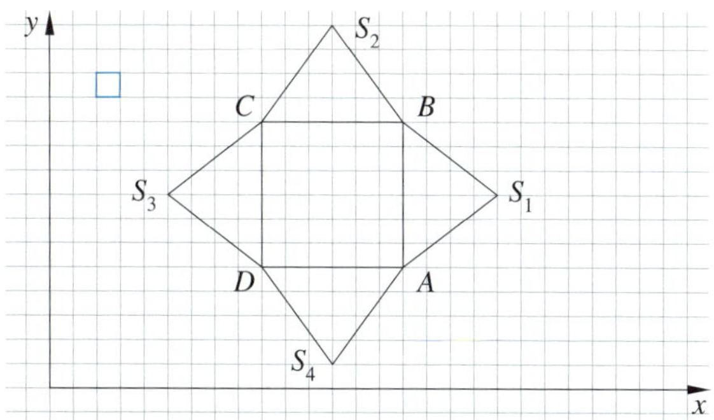

a) Gib mindestens zwei Eigenschaften der Pyramide an, die man anhand der Zeichnung erkennen kann.
b) Zeichne die Pyramide maßstabsgerecht als Schrägbild mit $\alpha = 45°$ und $q = \frac{1}{2}$. Bezeichne die Eckpunkte.
c) Gib das Volumen der Pyramide in Volumeneinheiten an.
d) Gib den Oberflächeninhalt der Pyramide in Flächeneinheiten an.

Aufgabe 11

In einem Institut wird der Geschmack von Mineralwasser getestet. Damit nichts vom Produktnamen sichtbar ist, wird um jede Flasche ein farbiges DIN-A4-Blatt gewickelt und zusammengeklebt. Die dadurch entstandenen zylinderförmigen Papierrollen sind abnehmbar.
Hinweis: Jede Seite im DIN-A4-Format ist 29,7 cm hoch und 21 cm breit.

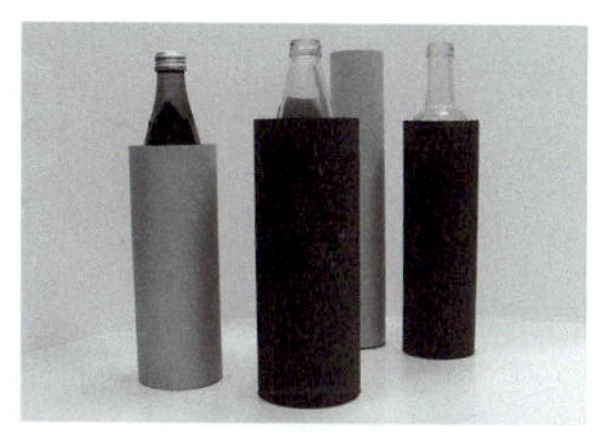

a) Welche Höhen können die Papierrollen haben?
b) Bei einer hohen, dünnen Flasche treffen zwei Seiten des DIN-A4-Blattes genau zusammen. Welchen Umfang hat die Papierrolle, in der sich die Flasche befindet?
c) Eine Flasche hat einen Durchmesser von 6 cm. Welche Höhe kann die zugehörige Rolle haben?
d) Wie dick dürfen die Flaschen höchstens sein? Notiere deine Rechnungen.
e) Ohne Taschenrechner ist mit π schlecht zu rechnen, deshalb wird π oft durch $\frac{22}{7}$ ersetzt. Berechne mit π und $\frac{22}{7}$ das Volumen eines Zylinders, der 21 cm hoch ist und einen Radius von 7 cm hat. Was fällt dir auf?

Aufgabe 12

Ein gerades vierseitiges Prisma wurde durchbohrt. Die Grundfläche des Prismas ist ein gleichschenkliges Trapez, deren parallele Seiten 3 cm und 5 cm lang sind. Das Trapez ist 3 cm hoch. Der Körper hat eine Höhe von 8 cm. Die Bohrung hat einen Radius von 6 mm. Der Bohrer wurde im Schnittpunkt der Diagonalen angesetzt.

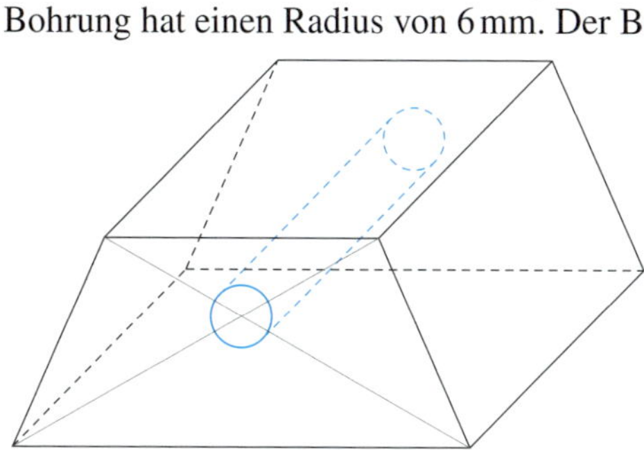

a) Berechne die Länge der Schenkel des Trapezes.
b) Bestimme jeweils die Abstände zwischen dem Rand des Bohrlochs und der nächstliegenden Ecke des Prismas.
c) Berechne den Oberflächeninhalt des Körpers. Berücksichtige auch die Bohrung.
d) Welche Masse hat ein derartiger Körper aus Stahl? Die Dichte beträgt 7,8 g pro cm³.

Daten

Der Umgang mit Daten ist in zahlreichen Bereichen von großer Bedeutung, z.B. für Wetteraufzeichnungen, -auswertungen und -vorhersagen. Die Ergebnisse von Untersuchungen werden oft in Diagrammen veranschaulicht und mithilfe von Kennwerten wie beispielsweise dem arithmetischen Mittel beschrieben.

Test zu den Grundfertigkeiten

1 In einer Schule wurden 144 Schülerinnen und Schüler befragt, wie sie morgens zur Schule gelangen.

Beförderungsmittel	Bus/ Bahn	Fahrrad/ Moped	zu Fuß
absolute Häufigkeit	36	18	90

a) Welche Diagramme könnten bei entsprechender Beschriftung den Sachverhalt darstellen?

A
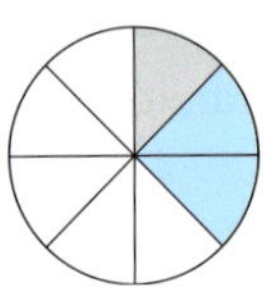

B
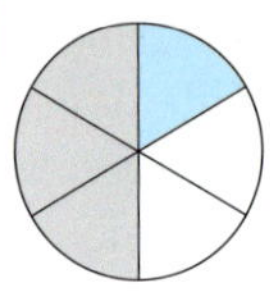

C
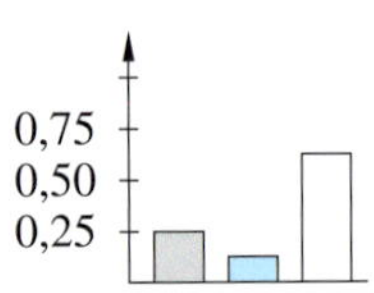

D
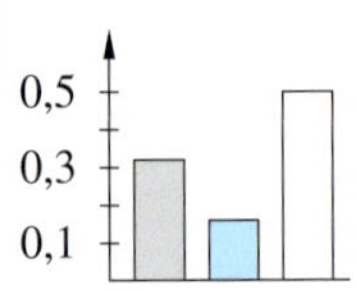

b) Gib die relative Häufigkeit der Schülerinnen und Schüler, die zu Fuß kommen, an.

A 62,5 %   B 0,625 %

C $\frac{5}{6}$ D 90 %

2 Während einer Sportstunde erzielten Mädchen folgende Sprungweiten in Metern: 3,32; 3,72; 3,44; 3,48; 3,60; 3,42; 3,38; 3,81; 3,50; 3,36.

a) Welche der Angaben sind zutreffend?

A Minimum: 3,32   B Spannweite: 0,49

C Maximum: 3,60   D Median: 3,46

b) Welche Klasseneinteilungen können bei entsprechender Vervollständigung richtig sein?

A (3,3; 3,4); (3,4; 3,5)   B [3,3; 3,4); (3,4; 3,5]

C (3,3; 3,4]; (3,2; 3,5)   D [3,3; 3,4); [3,4; 3,5)

3 Gib die Klassenmitte zur Klasse [3,2; 3,4) an. ____________

4 Welche Aussagen sind richtig?

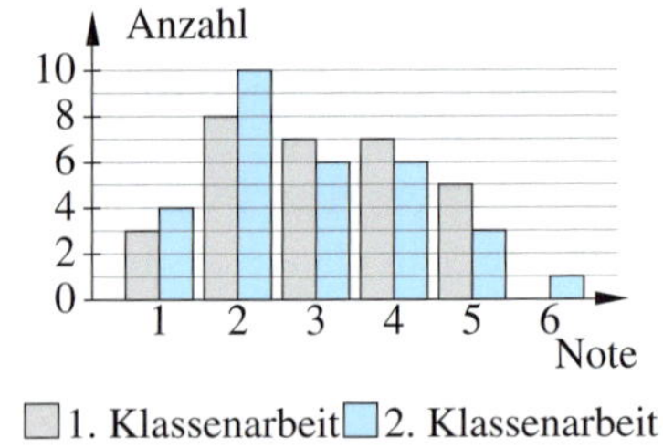

A 28 Schülerinnen bzw. Schüler schrieben mit.

B Das arithmetische Mittel der 1. Arbeit ist 3,1.

C Der Modalwert beider Arbeiten ist 2.

D Der Median beider Arbeiten ist 3.

5 30 Schülerinnen und Schüler haben einen Test mitgeschrieben, der Durchschnitt lag bei 3,1.
Wie viele Schüler bekamen eine 4 bzw. eine 5?

1	2	3	4	5	6
IIII	~~IIII~~ II	~~IIII~~ III			II

A Note 4: 1; Note 5: 7   B Note 4: 3; Note 5: 5

C Note 4: 6; Note 5: 3   D Note 4: 7; Note 5: 2

6 Welche der Aussagen passen zur Darstellung?

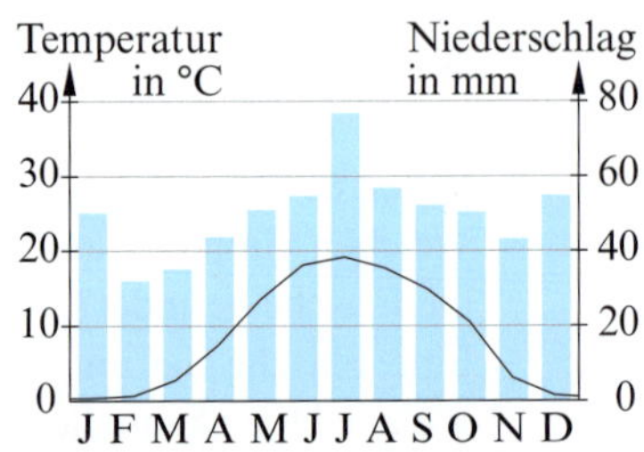

A Im Juni fällt durchschnittlich die höchste Jahresniederschlagsmenge in Berlin.

B Im Oktober fällt durchschnittlich die drittgrößte monatliche Jahresniederschlagsmenge.

C In Berlin beträgt die durchschnittliche Niederschlagsmenge pro Monat ca. 40 mm.

D In 5 Monaten eines Kalenderjahres liegt die Durchschnittstemperatur in Berlin über 10 °C.

5 bis 6 Aufgaben sind richtig. Deine Grundfertigkeiten sind gut.
3 bis 4 Aufgaben sind richtig. Deine Grundfertigkeiten sind befriedigend.
Weniger als 3 Aufgaben sind richtig. Deine Grundfertigkeiten sind noch nicht ausreichend.

Literaturhinweis: Mathematik in Übersichten S. 189 ff.

Aufgaben zum Trainieren

Aufgabe 1

Bei einer Verkehrszählung wurde die Anzahl der Personen pro Pkw in einer Urliste erfasst.

1; 1; 2; 1; 2; 1; 1; 1; 2; 4; 1; 2; 3; 1; 2; 5; 2; 1; 1; 3; 4; 4; 1; 4; 1; 2; 5; 1; 2; 2; 2; 1; 1; 4; 1; 2; 1; 1; 1; 2; 2; 1; 1; 1; 2; 3; 4; 1; 2; 2

a) Lege eine Häufigkeitstabelle zur beobachteten Anzahl der Personen pro Pkw an. Trage die absoluten und die relativen Häufigkeiten ein.
b) Veranschauliche die Verteilung in einem Kreisdiagramm und in einem Säulendiagramm. Welcher Diagrammtyp erscheint dir zur Veranschaulichung geeigneter? Nenne einen Grund.
c) Wie viele Personen saßen durchschnittlich in einem Pkw?
d) Gib die Anzahl der Personen pro Pkw an, die am häufigsten auftrat.
e) Gib den Median der Anzahl der Personen pro Pkw an.

Aufgabe 2

Schülerinnen und Schüler wurden zu ihrem monatlichen Taschengeld befragt.

Jungen: 19 €; 24 €; 11 €; 30 €; 13 €; 27 €; 25 €; 11 €
Mädchen: 12 €; 45 €; 15 €; 50 €; 10 €; 12 €; 15 €; 43 €; 5 €; 7 €; 42 €; 8 €

a) Wie viel Taschengeld erhält jeder der befragten Jugendlichen durchschnittlich?
b) Gib das Maximum und das Minimum an.
c) Wie groß ist die Spannweite des Taschengeldes der befragten Jugendlichen?
d) Gib eine Klasseneinteilung in drei Klassen mithilfe von Intervallen und Klassenmitten an.
e) Gib sieben Daten an, deren Median 5,00 € und dessen arithmetisches Mittel 9,00 € ist.
f) Tim sagt: „Die mittlere lineare Abweichung des Taschengeldes der Jungen ist 6,50 €, denn
$1 \cdot \frac{1}{8} + 4 \cdot \frac{1}{8} + 9 \cdot \frac{1}{4} + 10 \cdot \frac{1}{8} + 7 \cdot \frac{1}{8} + 7 \cdot \frac{1}{8} + 5 \cdot \frac{1}{8} = 6{,}5$“
Wie kam er vermutlich zu dieser Lösung?

Aufgabe 3

Hier siehst du drei Zeitungsausschnitte zum Thema Hauptschulen in Deutschland.

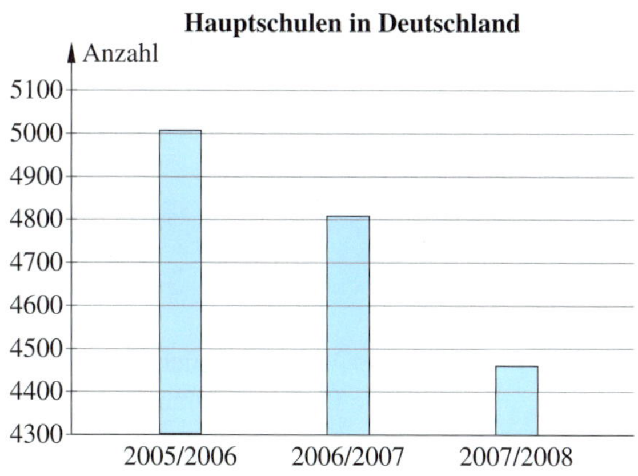

Klassen an Hauptschulen

Schuljahr	*2005/2006*	*2006/2007*	*2007/2008*
Anzahl der Klassen	*48 441*	*45 843*	*43 226*

Hauptschulsterben in Deutschland
Hauptschulen in Deutschland sterben aus! Besuchten im Schuljahr 2005/2006 noch 1 023 838 Schülerinnen und Schüler eine Hauptschule, so waren es im Schuljahr 2007/2008 nur noch 889 132.

a) Wie viele Hauptschulen gab es im Schuljahr 2005/2006 in Deutschland?
b) Bestimme das Jahr mit der geringsten Klassenanzahl an Hauptschulen.
c) Beurteile folgende Aussagen.
① Die Klassengröße an Hauptschulen ist zwischen 2006 und 2008 gesunken.
② Die Anzahl an Hauptschulen in Deutschland hat sich von 2005 bis 2008 halbiert.
③ Die Hauptschulen haben zwischen 2005 und 2008 30 % ihrer Schülerschaft verloren.
d) Jan behauptet: „2005/2006 gab es an den Hauptschulen durchschnittlich etwa 10 Klassen mit 300 Schülerinnen und Schülern.“
Hat er Recht?
e) Die Schülerzeitung der Konrad-Adenauer-Hauptschule möchte einen Artikel mit der Überschrift „Anzahl der Hauptschulen in Deutschland nahezu unverändert“ veröffentlichen.
Zeichne für den Artikel ein passendes Diagramm und notiere Stichpunkte.

Zufall

Die Wahrscheinlichkeitsrechnung ist ein Gebiet der Mathematik, das in zahlreichen Anwendungsgebieten eine große Bedeutung besitzt. Sie befasst sich vor allen Dingen damit, das Zufällige, also das Unberechenbare, in gewisser Weise doch berechenbar zu machen.

Test zu den Grundfertigkeiten

1 Notiere eine Formel zum Bestimmen von Wahrscheinlichkeiten bei Laplace-Experimenten.

____

2 Eine Münze wird einmal geworfen.
Mit welcher Wahrscheinlichkeit liegt „Zahl" oben?

A 0,5 B 2
C 0 D $\frac{1}{2}$

3 Gib die Ergebnismengen beim Würfeln mit einem regulären Würfel (Laplace-Würfel) an.

A $\Omega = \{1; 2; 3; 4; 5; 6\}$ B $\Omega = \{1; 2; 4; 4; 5; 6\}$
C $\Omega = \{6; 3; 5; 2; 4; 1\}$ D $\Omega = \{1; 2; 3; 5; 6\}$

4 Ein regulärer Würfel (d. h. ein Laplace-Würfel) wird einmal geworfen.
Mit welcher Wahrscheinlichkeit fällt eine Zahl, die kleiner als 4 ist?

A $\frac{2}{3}$ B $\frac{1}{2}$
C 0,5 D $\frac{1}{3}$

5 Zwei reguläre Würfel werden gleichzeitig geworfen. Mit welcher Wahrscheinlichkeit fällt ein Pasch (zwei Gleiche)?

A $\frac{30}{36}$ B $\frac{5}{6}$
C $\frac{1}{6}$ D $\frac{1}{3}$

6 Für welche Ereignisse beim Würfeln mit einem regulären Würfel ist die Wahrscheinlichkeit $\frac{1}{3}$?

A 3 teilt die geworfene Augenzahl.
B „3" ist die geworfene Augenzahl.
C Die geworfene Augenzahl ist größer als 3.
D Die geworfene Augenzahl ist kleiner als 3.

7 Jan schüttet die Reißzwecken in eine Schachtel. Schätze, mit welcher Wahrscheinlichkeit eine Reißzwecke auf der „runden Fläche" liegenbleibt?

A $\frac{20}{7}$
B $\frac{7}{20}$
C 35 %
D 45 %

8 In einem Korb mit 30 Eiern liegen 6 angeschlagene Eier. Mit welcher Wahrscheinlichkeit entnimmt man dem Korb beim einmaligen Ziehen ein ganzes Ei?

A $\frac{6}{30}$ B $\frac{1}{5}$
C $\frac{24}{30}$ D $\frac{4}{5}$

9 Ein Kunde nimmt nacheinander zwei Eier aus dem Korb mit 36 Eiern, von denen 6 angeschlagen sind.

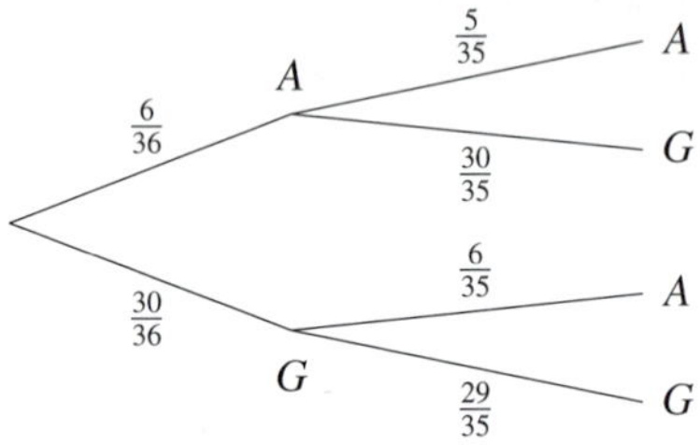

a) Mit welcher Wahrscheinlichkeit hat er zwei angeschlagene Eier entnommen?

A 0,33 B 0,17
C 0,02 D 0,14

b) Mit welcher Wahrscheinlichkeit hat er genau ein angeschlagenes Ei entnommen?

A 0,14 B 0,17
C 0,32 D 0,29

8 bis 9 Aufgaben sind richtig. Deine Grundfertigkeiten sind gut.
6 bis 7 Aufgaben sind richtig. Deine Grundfertigkeiten sind befriedigend.
Weniger als 6 Aufgaben sind richtig. Deine Grundfertigkeiten sind noch nicht ausreichend.

Literaturhinweis: Mathematik in Übersichten S. 199 ff.

Aufgaben zum Trainieren

Aufgabe 1

Aus der Urne mit schwarzen und blauen Kugeln werden willkürlich 2 Kugeln nacheinander entnommen.

a) Mit welcher Wahrscheinlichkeit sind sie gleichfarbig, wenn die entnommene Kugel wieder zurückgelegt wird?
b) Mit welcher Wahrscheinlichkeit sind sie gleichfarbig, wenn die entnommene Kugel nicht zurückgelegt wird?
c) Mit welcher Wahrscheinlichkeit haben die Kugeln unterschiedliche Farben, wenn die entnommene Kugel wieder zurückgelegt wird?
d) In die Urne werden zusätzlich zwei weiße Kugeln gelegt. Mit welcher Wahrscheinlichkeit werden zwei verschiedenfarbige Kugeln genommen, wenn die erste Kugel nicht zurückgelegt wird?

Aufgabe 2

Die Hämophilie A (umgangssprachlich: Bluterkrankheit) ist vererbbar. Das die Krankheit auslösende Gen liegt auf dem X-Chromosom. Die Wahrscheinlichkeit, dass dieses Chromosom vererbt wird, ist 0,5. Männer verfügen über ein XY-Chromosomenpaar und Frauen über ein XX-Chromosomenpaar. Das Chromosomenpaar des Kindes entsteht aus je einem Chromosom des Vaters und der Mutter.

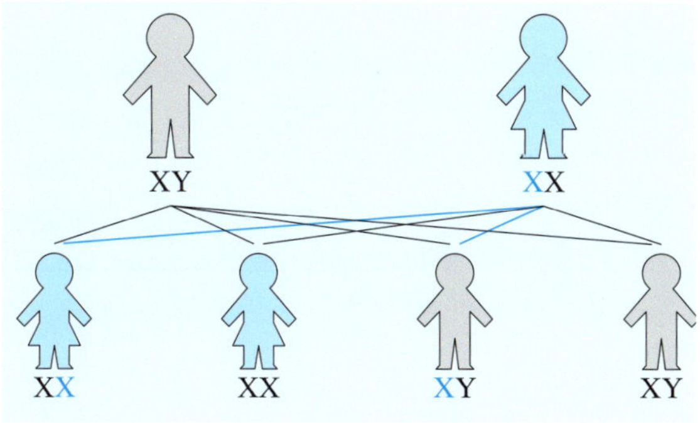

a) Eine Schwangere ist Trägerin genau eines defekten Gens. Der Vater ihres Kindes hat das die Krankheit auslösende Gen nicht.
Mit welcher Wahrscheinlichkeit hat ihre Tochter das Gen?
b) Bestimme mithilfe von Baumdiagrammen, mit welcher Wahrscheinlichkeit Eltern, von denen mindestens einer Träger der Bluterkrankheit ist, einen Sohn bekommen, der Träger des defekten Chromosoms ist. Betrachte mehrere Fälle.

Aufgabe 3

Ein regulärer Würfel wird 2-mal geworfen. Berechne die Wahrscheinlichkeiten für die folgenden Ereignisse.

a) Es wird zweimal eine 6 geworfen.
b) Es werden zwei gleiche Zahlen geworfen.
c) Die Augensumme beträgt mindestens 10.
d) Die geworfene Augensumme ist eine Primzahl.
e) Die Augenzahl im ersten Wurf ist kleiner als die im zweiten Wurf.

Aufgabe 4

Ein Kartenspiel hat 32 Karten. Vier Karten sind Könige. Lea, Kaja und Tom ziehen nacheinander je eine Karte. Jeder behält seine Karte.

a) Gib alle Elementarereignisse des Ergebnisraums an, die das Ergebnis *E*: „Es wird höchstens ein König gezogen." beschreiben.
b) Mit welcher Wahrscheinlichkeit zieht keiner von ihnen einen König?
c) Mit welcher Wahrscheinlichkeit zieht Lea einen König?
c) Mit welcher Wahrscheinlichkeit werden von den Dreien insgesamt zwei Könige gezogen?

Aufgabe 5

Die Buchstaben „O", „R" und „T" sollen ohne hinzusehen aneinandergereiht werden.

a) Wenn jeder Buchstabe genau einmal zu verwenden ist, entsteht zu 50% dabei ein sinnvolles deutschen Wortes (das z. B. im Duden steht).
Wie kommt man zu diesem Ergebnis?
b) Wie viele Buchstabenfolgen können aus den drei Buchstaben gebildet werden, wenn jede dieser Folgen genau drei Buchstaben enthält und jeder Buchstabe bis zu dreimal verwendet wird?

Trainingsplan zur Prüfungsvorbereitung

Schwerpunkte	Datum	Was kann ich gut? ...
Prozent- und Zinsrechnung		
Zahlen und Größen		
Terme und Gleichungen		
Zuordnungen		
Lineare Funktionen		
Lineare Gleichungssysteme		
Quadratische Funktionen und Gleichungen		

Schwerpunkte	Datum	Was kann ich gut? ...
Potenzen, Potenz- und Exponentialfunktionen		
Dreiecke und Winkelfunktionen		
Geometrie in der Ebene – Vielfältige Aufgaben		
Geometrie im Raum – Vielfältige Aufgaben		
Daten		
Zufall		

Abschlussprüfung Mathematik

Lösungsheft

Jahrgangsstufe 10
Brandenburg

Cornelsen

Seite 4

Prozent- und Zinsrechnung

- falsch $\frac{5}{6} = 83{,}\overline{3}\ \%$
- wahr $3{,}5 \cdot \frac{2500\ €}{100} = 87{,}50\ €$
- falsch $\frac{3 \cdot 3000\ € \cdot 3}{100 \cdot 12} = 22{,}50\ €$
  Es gibt 22,50 € Zinsen.
- wahr $1{,}5 \cdot \frac{1260\ €}{100} = 18{,}90\ €$
  $1260\ € + 18{,}90\ € = 1278{,}90\ €$
- falsch 100 € sind 119 % des Preises ohne Mehrwertsteuer.
  $\frac{100\ €}{119} \cdot 100 \approx 84{,}03\ €$
  Er kostet ohne Mehrwertsteuer ca. 84,03 €.

Zahlen und Größen

- wahr
- falsch $7\ \text{t} + 3\ \text{t} + 0{,}0005\ \text{t} = 10{,}0005\ \text{t}$
- falsch $-\pi < -\frac{1}{2} < -0{,}45 < 2\frac{1}{5} < \sqrt{5} < 2{,}3$
- falsch Das Produkt ist negativ. Aus negativen Zahlen kann man keine Wurzel ziehen.
- falsch

Terme und Gleichungen

- wahr
- falsch $3 \cdot 3 \cdot 3 \cdot 3 = 3^4$
  Der Term $\sqrt[5]{6} - \sqrt[2]{6}$ lässt sich nicht zusammenfassen.
- falsch $x^2 = 64 \quad x_1 = 8 \quad x_2 = -8$
- falsch $x - (x-3)(x+3) = 18 - x^2$
  $x - x^2 + 9 = 18 - x^2$
  $x = 9 \qquad L = \{9\}$
- wahr

Zuordnungen

- wahr
- falsch Sie sind produktgleich.
- falsch
- wahr $\frac{12 \cdot 4}{3} = 16$
- wahr $\frac{0{,}99\ €}{100} \cdot 120 \approx 1{,}19\ €$

Lineare Funktionen

- falsch $y = 2 \cdot (-2) - 6 = -10 \neq 2$
- falsch Er verläuft parallel zur x-Achse.
- falsch Sie ist antiproportional.
- falsch $m = \frac{0-2}{-3-1} = \frac{1}{2}$
- falsch Gerade durch P und Q: $m = \frac{4-2}{3-1} = 1$
  Gerade durch Q und R: $m = \frac{8-4}{5-3} = 2$

Lineare Gleichungssysteme

- wahr
- wahr
- wahr
- wahr
- falsch z. B. „Subtraktion" der Gleichung I von II:
  $y = -9$
  z. B. Einsetzen in Gleichung I:
  $-9 = 2x + 5$
  $x = -7 \qquad L = \{(-7; -9)\}$

Seite 5

Quadratische Funktionen und Gleichungen

- falsch $x^2 + 12x - 13 = 0 \qquad x_1 = 1 \quad x_2 = -13$
- wahr
- falsch Er ist achsensymmetrisch zur y-Achse.
- falsch
- falsch $y = a \cdot (0 - b)^2 = ab^2$

Potenzen, Potenz- und Exponentialfunktionen

- wahr $7^7 + 7^2 - 7^2 = 7^7$
- wahr
- falsch Er ist achsensymmetrisch zur y-Achse.
- wahr $3^0 = 1$
- falsch Sie hat keine Nullstelle.

Dreiecke und Winkelfunktionen

- falsch Es gilt $c^2 = a^2 + b^2$.
- wahr
- wahr
- wahr
- falsch Sie wiederholen sich nach einem Intervall der Länge 2π.

Geometrie in der Ebene – Vielfältige Aufgaben

- wahr
- falsch $u = 2(a + b) \qquad b = \frac{1}{2}u - a$
- falsch $A = \pi \cdot (r_a^2 - r_i^2)$
- wahr
- falsch Quadrat: $A = (2\ \text{cm})^2 = 4\ \text{cm}^2$
  Kreis: $A = \pi \cdot (2\ \text{cm})^2 \approx 12{,}6\ \text{cm}^2$

Geometrie im Raum – Vielfältige Aufgaben

- falsch $100\ \text{l} = 0{,}1\ \text{m}^3$
- wahr Flächen: Grundfläche und 4 Seitenflächen
- falsch $V = 25\ \text{m} \cdot 10\ \text{m} \cdot 2\ \text{m} = 500\ \text{m}^3$
  Es fasst 500 000 l Wasser.
- falsch $V = \pi \cdot (1\ \text{cm})^2 \cdot 10\ \text{cm} \approx 31{,}4\ \text{cm}^3$
- wahr Würfel: $V = (2\ \text{cm})^3 = 8\ \text{cm}^3$
  Kugel: $V = \frac{4}{3}\pi \cdot (1\ \text{cm})^3 \approx 4{,}19\ \text{cm}^3$

Daten

- wahr
- falsch $\frac{4+5+6+6+10+11}{6} = \frac{42}{6} = 7$
- falsch
- falsch
- wahr

Zufall

- falsch
- wahr Primzahlen: 2, 3, 5 $P(\text{Primzahl}) = \frac{3}{6} = \frac{1}{2}$
- wahr
- wahr mögliche Ergebnisse: WW, WZ, ZW, ZZ $P(\text{mindestens einmal Zahl}) = \frac{3}{4}$
- falsch Sie bleibt gleich.

SEITE 6

TEST ZU DEN GRUNDFERTIGKEITEN

	A	B	C	D
1	$\frac{1}{100}$	$\frac{100}{100} = 1$	$\frac{2}{5}$	$\frac{1}{20}$
2	×			×
3	$\frac{3}{5} = 60\ \%$			
4 a	Einstein			
4 b	Adenauer			
4 c	Fontane			
5			×	
6	×	×		×
7			×	
8				×
9	×			
10				×
11	×		×	×

SEITE 7

AUFGABEN ZUM TRAINIEREN

1 a) $p = \frac{W}{G} \cdot 100 = \frac{56{,}50\ €}{689{,}00\ €} \cdot 100 \approx 8{,}20$
Der prozentuale Anteil des Beitrags für die Krankenversicherung beträgt ca. 8,2 % vom Bruttogehalt.

b) Arbeitslosenversicherung:
$W = p \cdot \frac{G}{100} = 1{,}4 \cdot \frac{689{,}00\ €}{100} \approx 9{,}65\ €.$
Rentenversicherung:
$W = p \cdot \frac{G}{100} = 10 \cdot \frac{689{,}00\ €}{100} = 68{,}90\ €.$
Nettogehalt:
$689{,}00\ € - 6{,}89\ € - 56{,}50\ € - 9{,}65\ € - 68{,}90\ €$
$= 547{,}06\ €$
Paulas monatliches Nettogehalt beträgt 547,06 €.

c) $1\ \% + 8{,}2\ \% + 1{,}4\ \% + 10\ \% = 20{,}6\ \%$
Die Aussage ist richtig, da die Sozialabgaben 20,6 % vom Bruttogehalt betragen.

d) jährlicher Nettoverdienst:
$12 \cdot 547{,}06\ € = 6564{,}72\ €$
Paula muss keine Lohnsteuer abführen.

2 a)
- Angebot A:
  Anzahlung: $W = p \cdot \frac{G}{100} = 30 \cdot \frac{12000\ €}{100} = 3600\ €$
  Raten gesamt: $36 \cdot 270\ € = 9720\ €$
  Kosten: $3600\ € + 9720\ € - 5500\ € = 7820\ €$
- Angebot B:
  Skonto: $W = p \cdot \frac{G}{100} = 2 \cdot \frac{12\,000\ €}{100} = 240\ €$
  Kosten: $12\,000\ € - 240\ € - 5500\ € = 6260\ €$
- Angebot C:
  Anfangszahlung:
  $W = p \cdot \frac{G}{100} = 40 \cdot \frac{12000\ €}{100} = 4800\ €$
  Ratenzahlungen gesamt: $36 \cdot 110\ € = 3960\ €$
  Kosten: $4800\ € + 3960\ € = 8760\ €$

Die Gesamtkosten betragen bei Angebot A 7820 €, bei Angebot B 6260 € und bei Angebot C 8760 €.

b) Kosten im ersten Jahr:
Angebot A: Raten: $12 \cdot 270\ € = 3240\ €$
gesamt: $3600\ € + 3240\ € = 6840\ €$
Angebot B: $12\,000\ € - 240\ € = 11\,760\ €$
Angebot C: Raten: $12 \cdot 110\ € = 1320\ €$
gesamt: $4800\ € + 1320\ € = 6120\ €$
Bei Angebot C muss Familie Janke im ersten Jahr am wenigsten zahlen.

3 a) =B3*C3/100
b) =C3+D3
c) Zelle C6: 1147,52 Zelle D6: 40,16

4 a) Die ersten beiden Meldungen enthalten Fehler.
1. Meldung: 70 % sind nicht weniger, sondern mehr als zwei Drittel.
2. Meldung: Jeder sechste Schüler entspricht nicht 6 %, sondern einem Sechstel.

b) Korrektur z. B.
1. Meldung: Voriges Jahr waren es mit 70 % etwas mehr.
2. Meldung: Jeder sechste Schüler (rund 17 %) ist mit dem Reiseziel der Eltern nicht einverstanden.

Seite 8

Test zu den Grundfertigkeiten

	A	B	C	D
1	×			×
2 a	×			
2 b	×	×	×	
3	×	×	×	
4			×	×
5 a	Elefant Kalam wiegt 4 t.			
5 b	Ein Klassenraum ist 15 m lang.			
6		×	×	
7	1 099 100			
8			×	
9			×	
10		×	×	
11	×		×	×
12	0,36 m = 360 mm 0,7 m^3 > 70 cm^3			

Seite 9

Aufgaben zum Trainieren

1 a)
- Einheiten der Zeit:
  $6\text{ h} = \frac{1}{4}\text{ Tag} = 0{,}25\text{ Tage}$
  $4\text{ s} = \frac{1}{15}\text{ min} = 0{,}0\overline{6}\text{ min}$
  $25\text{ min} = \frac{5}{12}\text{ h} = 0{,}41\overline{6}\text{ h}$
- Einheiten der Masse:
  250 g = 0,25 kg
  500 kg = 0,5 t
  95 mg = 0,095 g
- Einheiten des Geldes:
  60 000 ct = 600 €
  3,50 € (Es gibt keine größere Einheit.)
- Einheiten der Länge:
  20 dm = 2 m
  780 m = 0,78 km
  100 cm = 10 dm
  540 mm = 54 cm
- Einhciten der Fläche:
  1800 cm^2 = 18 dm^2
  4 a = 0,04 ha
- Einheiten des Volumens:
  280 cm^3 = 0,28 dm^3 (= 0,28 l)
  25 ml = 0,025 l (= 0,025 dm^3)
  7,85 mm^3 = 0,00785 cm^3 (= 0,00785 ml)

b) $0{,}5\text{ s} < 40\text{ s} < \frac{3}{4}\text{ min} < \frac{3}{4}\text{ h} < 8\text{ Monate} < \frac{3}{4}\text{ Jahr} < 50\text{ Wochen}$

c) (1) Die durchschnittliche Zeit zwischen zwei Atemzügen bei Menschen beträgt etwa … (4 s)
(2) Die Masse dieses Arbeitsheftes mit beigelegten Lösungen beträgt etwa … (250 g)
(3) Wenn zwei bis drei Schachteln pro Woche geraucht werden, betragen die Kosten für Zigaretten im Jahr etwa … (60 000 ct)
(4) Viele Türen von Räumen sind etwa … (20 dm) hoch.
(5) Für die Herstellung eines Fußballs werden mindestens … (1800 cm^2) Leder benötigt.
(6) Fast jeder besitzt eine große Tasse mit einem Volumen von etwa ... (280 cm^3)

2 a) (1) $3^{-2} < 2^{-3} < 3^{-1} < 3^0 < 2{,}3 < 3{,}2 < 2^3 < 3^2$
(2) $-4 < -\pi < -0{,}85 < 3{,}3 \cdot 10^{-3} < \sqrt{2} < 3\frac{2}{5}$
(3) $3 \cdot 10^{-2} < 0{,}33 < \sqrt[3]{27} < \sqrt{27} < 3 \cdot 10^2$
(4) $0{,}74\text{ dm}^2 < 0{,}02\text{ m}^2 < 8{,}13\text{ dm}^2 < 24\text{ dm}^2 < \frac{1}{2}\text{ m}^2$
(5) $0{,}2 \cdot 10^2\text{ mm}^3 < 2\text{ cm}^3 < 2 \cdot 10^{-3}\text{ m}^3 = 2\text{ dm}^3 < 2 \cdot 10^{-9}\text{ km}^3$

b) (1) 700 g + 275 g + 3 g = 978 g
(2) $0{,}05\text{ m}^2 + 700\text{ m}^2 - 0{,}021\text{ m}^2 = 700{,}029\text{ m}^2$
(3) $0{,}146 \cdot \frac{1000\text{ m}}{3600\text{ s}} \approx 0{,}0406\ \frac{\text{m}}{\text{s}}$
(4) $2{,}34 \cdot 10^{10}$ km
(5) 0,023 m − 1200 m + 160 m = −1039,977 m

3 a) Die Aussage ist falsch. Nur 18 natürliche Zahlen liegen zwischen 98 und 79:
80; 81; 82; 83; 84; 85; 86; 87; 88; 89;
90; 91; 92; 93; 94; 95; 96; 97

b) Die Aussage ist falsch, da 9 kein Teiler von 129 ist.

c) Die Aussage ist wahr, da 3 und 5 Teiler von 15 sind.
Ist 15 ist ein Teiler von einer Zahl b, dann gibt es eine natürliche Zahl n, sodass $b = n \cdot 15$ gilt. Es folgt $b = (n \cdot 5) \cdot 3$ und $b = (n \cdot 3) \cdot 5$, d. h. auch 3 und 5 sind Teiler der Zahl b.

d) Die Aussage ist wahr, da die Summe zweier ungerader Zahlen stets gerade ist. Jede gerade Zahl ist durch 2 teilbar.

e) Die Aussage ist falsch. Es gibt vier Primzahlen, die kleiner als 10 sind: 2; 3; 5 und 7.

f) Die Aussage ist wahr, falls Zähler und Nenner natürliche Zahlen sind.

g) Die Aussage ist wahr. Irrationale Zahlen wie $\sqrt{2}$ und π können nicht als Bruch geschrieben werden.

h) Die Aussage ist wahr. Der Betrag einer Zahl entspricht dem Abstand der Zahl zur Null auf der Zahlengeraden.

i) Die Aussage ist falsch. Die Reihenfolge kann entweder Tina – Tanja - Toni oder auch Tanja – Tina – Toni sein.

j) Die Aussage ist falsch. Die Gegenzahl von 7,1 ist −7,1.

4 a) Sonnenradius: $r = 0{,}695 \cdot 10^6$ km
$V = \frac{4}{3}\pi r^3 = \frac{4}{3}\pi \cdot (0{,}695 \cdot 10^6 \text{ km})^3$
$V \approx 1{,}41 \cdot 10^{18} \text{ km}^3$

b) $V = \frac{4}{3}\pi r^3 = \frac{4}{3}\pi \cdot (6{,}4 \cdot 10^3 \text{ km})^3 \approx 1{,}10 \cdot 10^{12} \text{ km}^3$
$A_O = 4\pi r^2 = 4\pi \cdot (6{,}4 \cdot 10^3 \text{ km})^2$
$A_O \approx 5{,}15 \cdot 10^8 \text{ km}^2$

c) Sekunden im Jahr:
$365{,}25 \cdot 24 \cdot 60 \cdot 60 = 31\,557\,600$
Länge eines Lichtjahres:
$s = v \cdot t = 3 \cdot 10^8 \frac{\text{m}}{\text{s}} \cdot 31\,557\,600 \text{ s}$
$s \approx 9{,}47 \cdot 10^{15} \text{ m} = 9{,}47 \cdot 10^{12} \text{ km}$
Ein Lichtjahr ist ca. $9{,}5 \cdot 10^{12}$ km lang.

Terme und Gleichungen

Seite 10

Test zu den Grundfertigkeiten

	A	B	C	D
1		×		
2			×	
3	×	×	×	
4		(×)		×
5	(1) $y + z = 2a + 4b$ (2) $y \cdot z = 6ab + 3b^2$ (3) $y - z = 2a - 2b$			
6		×	×	×
7	×			×
8			×	
9				×
10			×	
11		×	×	
12	×	×		

Seite 11

Aufgaben zum Trainieren

1 a) Term A ist richtig. $2 \cdot a \cdot x$ beschreibt die Fläche des oberen und unteren Streifens, $2 \cdot b \cdot x$ die Fläche der dazwischen liegenden Abschnitte links und rechts.
Term B ist falsch.
Term C ist richtig. $a \cdot (b + 2x)$ beschreibt die Fläche des großen Rechtecks, $b \cdot (a - 2x)$ die Fläche des kleinen Rechtecks.
Term D ist richtig. $(b + 2x) \cdot x$ beschreibt die Fläche des linken bzw. rechten Streifens, $(a - 2x) \cdot x$ die Fläche des zwischen dem linken und rechten Streifen liegenden Abschnitts oben bzw. unten.

b) (1) z. B. $c \cdot d$
$c \cdot b - 2 \cdot c \cdot y \quad = c \cdot (b - 2y) = c \cdot d$
(2) z. B. $(2z + z) \cdot z + 2z \cdot z \quad = 5z^2$
$(2z + z)^2 - (2z)^2 \quad = 5z^2$

2 a) (1) nicht definiert Der Devisor ist 0.
(2) $0{,}7 + 0{,}625 - 0{,}2 = 1{,}125$
(3) $4\text{ kg} + \frac{1}{4}\text{ kg} = 4{,}25\text{ kg}$
(4) $\frac{1}{2} \cdot \frac{1}{3} = \frac{1}{6}$
(5) $-1{,}25 - 1{,}4 = -2{,}65$

b) (1) $3 + 5a$
(2) $-8b^2 + 9by - 5b$
(3) $\frac{2}{15} - \frac{1}{3}y + \frac{2}{5}c - cy$
(4) $0{,}0016d^2 + 0{,}72d + 81$
(5) $3e + 1{,}2y^2 - 59{,}98y - 1$
(6) $-8t^3 + 4t + 79$
(7) $\frac{-2a - 20s}{15}$

c) In der zweiten Zeile wurde beim Ausmultiplizieren der Klammer das Produkt von $3a$ und -7 weggelassen. In der dritten Zeile wurde bei der Subtraktion von 14 auf beiden Seiten der Gleichung auf der rechten Seite $-14 - 14 = 0$ gerechnet.
Korrektur: $(3a - 2) \cdot (4a - 7) = 12a^2 - 14$
$12a^2 + 14 - 8a - 21a = 12a^2 - 14$
$-29a = -28$
$a = \frac{28}{29}$

d) (1) $(3 + a) \cdot (3 - a)$
(2) $(2b + 6) \cdot (2b - 6)$
(3) $(3c + 7)^2$
(4) $(0{,}9d + 0{,}1f) \cdot (0{,}9d - 0{,}1f)$

e) (1) $6 - 5x = x + 8$
$-6x = 2$
$x = -\frac{1}{3}$ $L = \{-\frac{1}{3}\}$
(2) $11x - 24 = 6 + x$
$10x = 30$
$x = 3$ $L = \{3\}$
(3) $8 + x : 5 = 10$
$x : 5 = 2$
$x = 10$ $L = \{10\}$
(4) $(x - 9) : 0{,}5 = 5x$
$x - 9 = 2{,}5x$
$-9 = 1{,}5x$
$-6 = x$ $L = \{-6\}$
(5) $(x - 9) \cdot (x + 9) = -80$
$x^2 - 81 = -80$
$x^2 = 1$ $x_1 = 1 \quad x_2 = -1$
$L = \{1; -1\}$
(6) $5x - (11x - 3)^2 = 25 - 121x^2$
$5x - 121x^2 + 66x - 9 = 25 - 121x^2$
$71x = 34$
$x = \frac{34}{71}$ $L = \{\frac{34}{71}\}$
(7) $4 \cdot (0{,}2x - 2) - 2 \cdot (0{,}5 - \frac{x}{2}) + 3x = 0$
$0{,}8x - 8 - 1 + x + 3x = 0$
$4{,}8x = 9$
$x = 1{,}875$
$L = \{1{,}875\}$

f) (1) $r = \frac{d}{2}$ Durchmesser des Kreises
(2) $r = \frac{u}{2\pi}$ Umfang des Kreises
(3) $r = \sqrt{\frac{A}{\pi}}$ Flächeninhalt des Kreises
(4) $r = \sqrt{\frac{V}{\pi \cdot h}}$ Volumen des Zylinders
(5) $r = \sqrt[3]{\frac{3 \cdot V}{4\pi}}$ Volumen der Kugel

g) (1) $I = \frac{U}{R}$
(2) $I = \frac{P}{U}$
(3) $I = \frac{W}{U \cdot t}$

h) Der Term $\sqrt{x}$ ist für $x < 0$ nicht definiert.

3 Es ist in jedem Fall günstig, das Konfekt in der 250-g-Verpackung zu kaufen. Bei ihr ist der Preis pro 100 g am geringsten.

a) Anzahl der 250-g-Packungen:
4 kg : 250 g = 16
Preis für 16 der 250-g-Packungen:
16 · 2,99 € = 47,84 €
Der günstigste Preis für 4 kg Konfekt beträgt 47,84 €.

b) Anzahl der 250-g-Packungen:
30,00 € : 2,99 € ≈ 10,03
Masse von 10 der 250-g-Packungen:
10 · 250 g = 2500 g = 2,5 kg
Für 30 € kann Isabella 2,5 kg Konfekt kaufen.

Seite 12

4 a) $u = 7{,}5\text{ cm} + 2 \cdot 3\text{ cm} + 7 \cdot 1{,}5\text{ cm} = 24\text{ cm}$
$A = 7{,}5\text{ cm} \cdot 1{,}5\text{ cm} + 2 \cdot (1{,}5\text{ cm})^2 = 15{,}75\text{ cm}^2$

b) Verlängert man die vertikale Strecke unten rechts, wird der Buchstabe in ein Rechteck mit den Seitenlängen $5x$ und x sowie 2 Quadrate mit der Seitenlänge x zerlegt.
$A = 5x \cdot x + 2 \cdot x^2 = 7x^2$

c) $u = 5x + 2 \cdot 2x + 7 \cdot x = 16x$

d) $x = 2\text{ m} : 5 = 0{,}4\text{ m}$
$A = 7 \cdot (0{,}4\text{ m})^2 = 1{,}12\text{ m}^2$
Die Feuerwehr benötigt für 1,12 m² rote Farbe.
$u = 16 \cdot 0{,}4\text{ m} = 6{,}40\text{ m}$
Der Lichtschlauch sollte mindestens 6,40 m lang sein.

5 a) (1) Gesamtkantenlänge: $4\,(a + a + 2a) = 16a$
$A_O = 2\,(a \cdot a + a \cdot 2a + a \cdot 2a) = 10a^2$
$V = a \cdot a \cdot 2a = 2a^3$
(2) Gesamtkantenlänge: $4\,(2a + a + 4a) = 28a$
$A_O = 2\,(2a \cdot a + 2a \cdot 4a + a \cdot 4a) = 28a^2$
$V = 2a \cdot a \cdot 4a = 8a^3$
(3) Gesamtkantenlänge: $4\,(a + b + \frac{a}{2}) = 6a + 4b$
$A_O = 2\,(a \cdot b + a \cdot \frac{a}{2} + b \cdot \frac{a}{2}) = a^2 + 3ab$
$V = a \cdot b \cdot \frac{a}{2} = \frac{1}{2}a^2b$

b) Dies ist möglich. Beispielweise ergeben acht Bausteine von der Sorte 2 einen Würfel mit Kantenlänge $4a$, wenn jeweils zwei Bausteine nebeneinander und vier Bausteine hintereinander stehen.

6 a) Keine Aussage stimmt mit der Tabelle überein.
Anzahl der kontrollierten Autos: 100
100 − 24 = 76
76 von 100 Autos, also etwa 3 von 4, fuhren zu schnell.
13 + 5 = 18
18 von 100, also 18 %, fuhren mehr als 15 $\frac{\text{km}}{\text{h}}$ zu schnell.
$\frac{5}{100} = \frac{1}{20}$
$\frac{1}{20}$ der Autos fuhr mehr als 20 $\frac{\text{km}}{\text{h}}$ zu schnell.

b) Der Anteil der Autos, die die Geschwindigkeit mit weniger als 10 $\frac{\text{km}}{\text{h}}$ überschritten, beträgt $\frac{33}{100} = 0{,}33$.

7 a) x: Alter von Pascal vor 10 Jahren
Alter der Mutter vor 10 Jahren: $4x$
Alter von Pascal heute: $x + 10$
Alter der Mutter heute: $4x + 10$
$(x + 10) + (4x + 10) = 65$
$5x + 20 = 65$
$x = 9$
Alter von Pascal heute: 9 + 10 = 19
Alter der Mutter heute: 4 · 9 + 10 = 46
Heute ist Pascal 19 Jahre und seine Mutter 46 Jahre alt.

b) zurückgelegter Weg von Tobias um 7:50 Uhr:
$s = v \cdot t = 20\,\frac{\text{km}}{\text{h}} \cdot \frac{1}{3}\,\text{h} = \frac{20}{3}\,\text{km}$
zurückgelegte Kilometer von Tobias in Abhängigkeit von der Zeit: $\frac{20}{3} + 20 \cdot t$
t: seit 7:50 Uhr vergangene Zeit in Stunden
zurückgelegte Kilometer der Mutter in Abhängigkeit von der Zeit: $60 \cdot t$
$\frac{20}{3} + 20 \cdot t = 60 \cdot t$
$t = \frac{1}{6}$
Die Mutter holt Tobias 10 Minuten nach 7:50 Uhr ein, also um 8:00 Uhr.
zurückgelegte Kilometer um 8:00 Uhr:
$\frac{20}{3} + 20 \cdot \frac{1}{6} = 10$
Tobias ist bereits 10 Kilometer gefahren, wenn seine Mutter ihn einholt.

c) b: Breite des Rechtecks in cm
Länge des Rechtecks in cm: $a = 2b$
$u = 2a + 2b$
$204 = 2 \cdot 2b + 2b$
$204 = 6b$
$b = 34$
$a = 2 \cdot 34 = 68$
Die Seiten des Rechtecks sind 68 cm und 34 cm lang. Alle Innenwinkel sind in jedem Rechteck 90° groß.

d) Radius: $r = 11$ cm
Oberflächeninhalt des Balles:
$A_O = 4\pi r^2 = 4\pi \cdot (11\text{ cm})^2 \approx 1521\text{ cm}^2$
zusätzlich benötigte Fläche:
$W = p \cdot \frac{G}{100} = 25 \cdot \frac{1521\text{ cm}^2}{100} \approx 380\text{ cm}^2$
Gesamtfläche:
$1521\text{ cm}^2 + 380\text{ cm}^2 = 1901\text{ cm}^2 \approx 0{,}19\text{ m}^2$
Es werden ca. 0,19 m^2 Leder benötigt.

e) Gesamtmasse von 20 Büchern:
$20 \cdot 600\text{ g} = 12\text{ kg}$
Gesamtmasse von 10 Büchern:
$10 \cdot 600\text{ g} = 6\text{ kg}$
Der Buchhändler müsste für den Karton mit 20 Büchern 9,90 € und für den Karton mit 10 Büchern 6,90 €, insgesamt also 16,80 € Porto zahlen.
Sinnvoller ist es, die Bücher so auf zwei Kartons zu verteilen, dass jeder Karton weniger als 10 kg wiegt, also beispielsweise in jeden Karton 15 Bücher zu packen.
Gesamtmasse von 15 Büchern:
$15 \cdot 600\text{ g} = 9\text{ kg}$
Das Porto beträgt dann für jeden Karton 6,90 € und insgesamt nur 13,80 €.

8 a) Isabella hat Unrecht, Anna hat Recht. Vom ursprünglichen Preis wird zunächst die Abwrackprämie in Höhe von 2500 € abgezogen und anschließend wird auf den Restbetrag (der Grundwert ist somit geringer) der Nachlass von 20 % gewährt.

b) $p = \frac{W}{G} \cdot 100 = \frac{19400}{182100} \cdot 100 \approx 10{,}65$
Der Anteil der VW Golf an den verschrotteten Autos betrug ca. 10,65 %.

c) 10,65 % entsprechen im Kreisdiagramm ca. 38,3°. Diagramm B stand unter dem Foto.

9 a) 10,00 € – 3,70 € = 6,30 €
Jakob bekommt 6,30 € zurück.

b) Preiserhöhung: 2,20 € – 2,00 € = 0,20 €
$p = \frac{W}{G} \cdot 100 = \frac{0{,}20\text{ €}}{2{,}00\text{ €}} \cdot 100 = 10$
Der Preis für eine Frikadelle würde um 10 % steigen.

c) 2,30 € + 1,40 € + 0,30 € = 4,00 €
Eine Currywurst mit einer kleinen Portion Pommes und Majo kostet 4,00 €.

d) individuelle Lösung, z. B.
(1) Currywurst, Pommes klein, Cola – 5,00 €
(2) Currywurst, Pommes klein, Ketchup, Wasser – 5,00 €
(3) Frikadelle, Pommes groß, Majo, Wasser – 5,40 €
(4) Frikadelle, Pommes klein, Majo, Fanta – 5,00 €
(5) Frikadelle, Pommes klein, Wasser – 4,40 €
Gesamtpreis: 24,80 €

Seite 14

Test zu den Grundfertigkeiten

	A	B	C	D
1a		×	×	
1b				×
2	×			×
3			×	×
4a	×			×
4b		×		
5	×	×	×	×
6			×	
7				×

Seite 15

Aufgaben zum Trainieren

1 a) Sinnvoller ist die Betrachtung der Zuordnung *Fläche* → *Preis*, da die Pizzamenge proportional zur Fläche und nicht zum Durchmesser ist.

b) kleine Pizza: Radius: $r = 13$ cm
$A = \pi r^2 = \pi \cdot (13\text{ cm})^2 \approx 530{,}9\text{ cm}^2$
mittlere Pizza: Radius: $r = 15$ cm
$A = \pi r^2 = \pi \cdot (15\text{ cm})^2 \approx 706{,}9\text{ cm}^2$
große Pizza: Radius: $r = 16$ cm
$A = \pi r^2 = \pi \cdot (16\text{ cm})^2 \approx 804{,}2\text{ cm}^2$
Preis pro cm² für Pizza Salami:
kleine Pizza: 400 ct : 530,9 ≈ 0,7534 ct
mittlere Pizza: 500 ct : 706,9 ≈ 0,707 ct
große Pizza: 550 ct : 804,2 ≈ 0,684 ct
Preise pro cm² (gerundet):

Pizza	klein	mittel	groß
Margherita	0,38 ct	0,42 ct	0,50 ct
Salami	0,75 ct	0,71 ct	0,68 ct
Peperonata	0,57 ct	0,64 ct	0,75 ct
Piccata	0,66 ct	0,71 ct	0,75 ct
Marina	0,94 ct	0,85 ct	0,87 ct
Contadina	0,85 ct	0,78 ct	0,81 ct

Die kleine Pizza ist am günstigsten bei Margherita, Peperonata und Piccata, die mittlere Pizza bei Marina und Contadina und die große Pizza bei Salami.

c) 706,9 · 0,7534 ct ≈ 533 ct = 5,33 €
Die mittlere Pizza Salami müsste ca. 5,33 € kosten, damit der Preis pro cm² genauso teuer ist wie bei der kleinen Pizza.

2 a) Berechnung der Preise für die Großpackung, wenn ihr Preisniveau der kleinen Packung entspricht, mit dem Dreisatz (proportionale Zuordnung):
Duschgel:
250 g → 1,25 €
2 · 250 g → 1,25 € · 2 = 2,50 €
2 × 250 g Duschgel müssten 2,50 € kosten.
Hanutus Minis:
237 g → 1,80 €
1 g → $\frac{1{,}80\text{ €}}{237}$
310 g → $\frac{1{,}80\text{ €}}{237} \cdot 310 \approx 2{,}35$ €
310 g Hanutus Minis müssten ca. 2,35 € kosten.
Waschmittel:
3000 g → 8,89 €
1 g → $\frac{8{,}89\text{ €}}{3000}$
4050 g → $\frac{8{,}89\text{ €}}{3000} \cdot 4050 \approx 12{,}00$ €
4050 g Waschmittel müssten ca. 12,00 € kosten.

b) Mehrkosten für die Großpackung:
Duschgel: 2,65 € – 2,50 € = 0,15 €
Hanutus Minis: 2,69 € – 2,35 € = 0,34 €
Waschmittel: 12,74 € – 12,00 € = 0,74 €
Die Mehrkosten sind prozentual bei den Hanutus Minis ($\frac{0{,}34\text{ €}}{2{,}35\text{ €}} \cdot 100\,\% \approx 14{,}5\,\%$) am größten.

c) Relativ schwer fällt der Preisvergleich den Hanutus Minis und dem Waschmittel, da die Menge der Großpackung kein ganzzahliges Vielfaches der Menge der kleinen Packung ist. Preisvergleiche können durch die Angabe Preis pro Menge (z. B. Preis pro 100 g oder Preis pro kg) erleichtert werden.

3 a) Berechnung mit dem Dreisatz (antiproportionale Zuordnung):
4 Maurer → 12 Tage
1 Maurer → 12 Tage · 4 = 48 Tage
3 Maurer → 48 Tage : 3 = 16 Tage
Drei Maurer benötigen 16 Tage.

b) $t = \frac{48}{n}$ t: Zeit in Tagen
n: Anzahl der Maurer
Es handelt sich um eine antiproportionale Zuordnung.

c) Nach drei Tagen würden 4 Maurer für die restliche Arbeit noch 9 Tage benötigen.
4 Maurer → 9 Tage
1 Maurer → 9 Tage · 4 = 36 Tage
6 Maurer → 36 Tage : 6 = 6 Tage
6 Maurer benötigen für die restliche Arbeit 6 Tage.
Zeit insgesamt: 3 Tage + 6 Tage = 9 Tage
Das Verputzen dauert nun insgesamt 9 Tage.

4 a) $(22{,}5 + 1{,}5) \cdot 1{,}5 = 36$
Carina hat Schuhgröße 36.

b) $y = (x + 1{,}5) \cdot 1{,}5$ bzw. $y = 1{,}5x + 2{,}25$
x: Fußlänge in cm y: Schuhgröße

c)

Fußlänge in cm	21	22	23	24	25	26	27
Schuhgröße	$33\frac{3}{4}$	$35\frac{1}{4}$	$36\frac{3}{4}$	$38\frac{1}{4}$	$39\frac{3}{4}$	$41\frac{1}{4}$	$42\frac{3}{4}$

Da bei der Fußlänge beliebige Werte (nicht nur volle Zentimeter) auftreten, ist es möglich, auch bei der Schuhgröße Zwischengrößen (z. B. Halbe, Viertel) zu betrachten und den Graphen im Diagramm als durchgezogene Linie darzustellen.

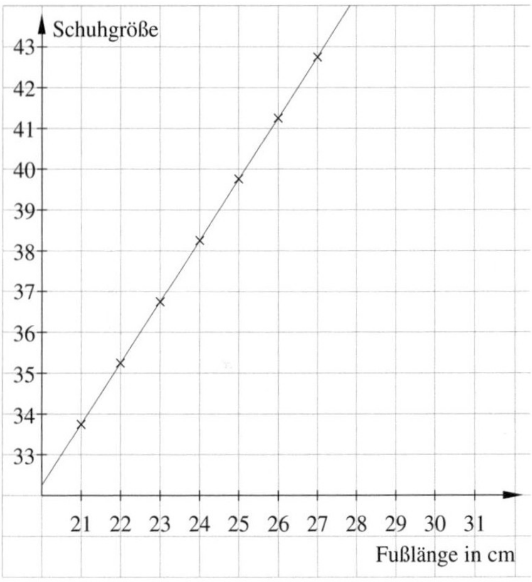

d) $63 = (x + 1{,}5) \cdot 1{,}5$
$42 = x + 1{,}5$
$x = 40{,}5$
Die Füße von Matthew McGrory sind 40,5 cm lang.

e) Der Stiefel wurde für 6,10 m = 610 cm lange Füße gefertigt.
$(610 + 1{,}5) \cdot 1{,}5 = 917{,}25$
Die Schuhgröße des Stiefels beträgt ca. 917.

Lineare Funktionen

Seite 16

Test zu den Grundfertigkeiten

	A	B	C	D
1	m: Steigung n: Der Graph schneidet die y-Achse im Punkt $(0 \mid n)$.			
2		×		
3	$y = 3x - 4$			
			×	
4				×
5	$f(x) = \frac{1}{4}x$ $\quad x_0 = 0$ $g(x) = \frac{3}{2}x - 1$ $\quad x_0 = \frac{2}{3}$ $h(x) = -x + 3$ $\quad x_0 = 3$ $i(x) = -\frac{1}{6}x + 1$ $\quad x_0 = 6$			
6	×	×		
7				×
8	×		×	
9			×	
10		×	×	
11	×			×

Seite 17

Aufgaben zum Trainieren

1 a)

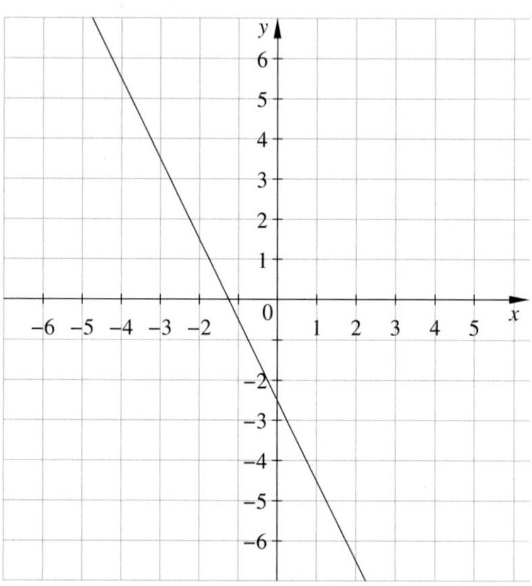

b) $f(-2) = -2 \cdot (-2) - 2{,}5 = 1{,}5 \neq 0$
P liegt nicht auf der Geraden.
$f(-5{,}5) = -2 \cdot (-5{,}5) - 2{,}5 = 8{,}5$
Q liegt auf der Geraden.

c) $y = f(-4) = 5{,}5$ $\qquad A(-4 \mid 5{,}5)$
$11{,}5 = -2x - 2{,}5$
$x = -7$ $\qquad B(-7 \mid 11{,}5)$

d) $0 = -2x_0 - 2{,}5$
$x_0 = -1{,}25$

2 a) $f(x) = 3x - 3$

b)

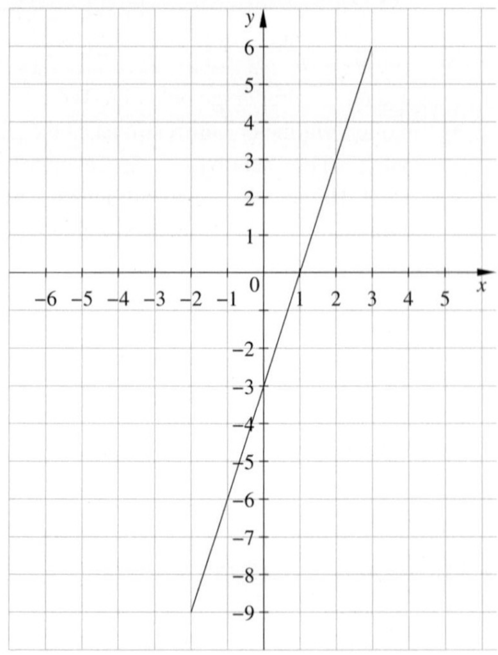

c) $0 = 3x_0 - 3$
$x_0 = 1$

d) $f(-5) = 3 \cdot (-5) - 3 = -18$
$f(8) = 3 \cdot 8 - 3 = 21$

e) $99 = 3x - 3$
$x = 34$

f) $\tan \alpha = m = 3$ $\qquad \alpha \approx 71{,}6°$
Die Funktion f schneidet die x-Achse unter einem Winkel von ca. 71,6°.

3 $y = mx + n$

a) $n = 3$ $\qquad m = \frac{3 - 0}{0 - 1} = -3$
$y = -3x + 3$

b) $m = \frac{-3 - 3}{3 - (-2)} = -\frac{6}{5}$
$3 = -\frac{6}{5} \cdot (-2) + n$
$n = \frac{3}{5}$ $\qquad y = -\frac{6}{5}x + \frac{3}{5}$

c) $-2 = 2 \cdot (-3) + n$
$n = 4$ $\qquad y = 2x + 4$

d) Die Steigung entspricht der Steigung der Winkelhalbierenden, also gilt $m = 1$.
$1 = 1 \cdot 3 + n$
$n = -2$ $\qquad y = x - 2$

Hinweis: Die Aufgaben sind auch grafisch lösbar.

4 a)

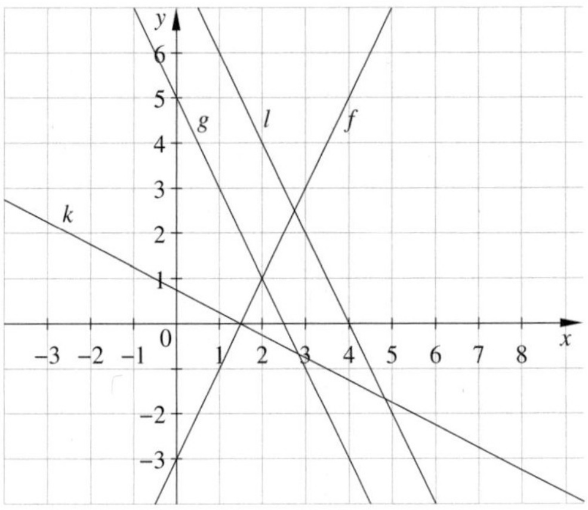

b) f: $0 = 2x_0 - 3$ $\qquad$ g: $0 = -2x_0 + 5$

$x_0 = 1{,}5$ $\qquad$ $x_0 = 2{,}5$

c) siehe auch a)

$y = -0{,}5x + 0{,}75$

d) $2x - 3 = -2x + 5$

$4x = 8$

$x = 2$

$f(2) = g(2) = 1$ $\qquad$ $S(2\,|\,1)$

e) $l(x) = -2x + 8$

5 a) Gleichung 1: z. B. $(0\,|\,1)$, $(2\,|\,0)$

Gleichung 2: z. B. $(1\,|\,-3)$, $(2\,|\,0)$

b) $2 \cdot \frac{2}{3} + 4y = 4$

$y = \frac{2}{3}$ $\qquad$ $(\frac{2}{3}\,|\,\frac{2}{3})$

$2x + 4 \cdot (-2) = 4$

$x = 12$ $\qquad$ $(6\,|\,-2)$

c) Gleichung 1: $y = -0{,}5x + 1$

Gleichung 2: $y = 3x - 6$

d)

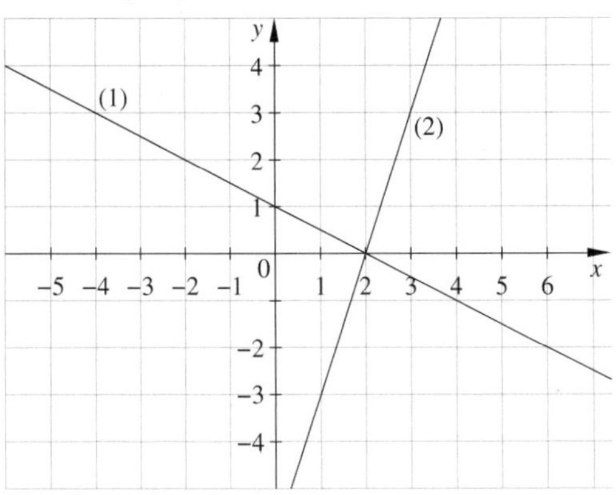

e) z. B. Gleichsetzen der Terme der nach y aufgelösten Gleichungen:

$-0{,}5x + 1 = 3x - 6$

$x = 2$

z. B. Einsetzen in Gleichung 2:

$y = 3 \cdot 2 - 6$

$y = 0$ $\qquad$ $L = \{(2;\,0)\}$

f) $S(2\,|\,0)$

g) $\tan \alpha = m$

Gleichung 1: $\tan \alpha = -0{,}5$ $\qquad$ $\alpha \approx -26{,}6°$

Der Winkel zwischen x-Achse und Gerade beträgt ca. 26,6°.

Gleichung 2: $\tan \alpha = 3$ $\qquad$ $\alpha \approx 71{,}6°$

Der Winkel zwischen x-Achse und Gerade beträgt ca. 71,6°.

Seite 18

6 a) $f(x) = x - 1$ $\qquad$ $g(x) = 3x + 2$

b) Funktion g

c) $x - 1 = 3x + 2$

$x = -1{,}5$

$f(-1{,}5) = g(-1{,}5) = -2{,}5$ $\qquad$ $S(-1{,}5\,|\,-2{,}5)$

d)

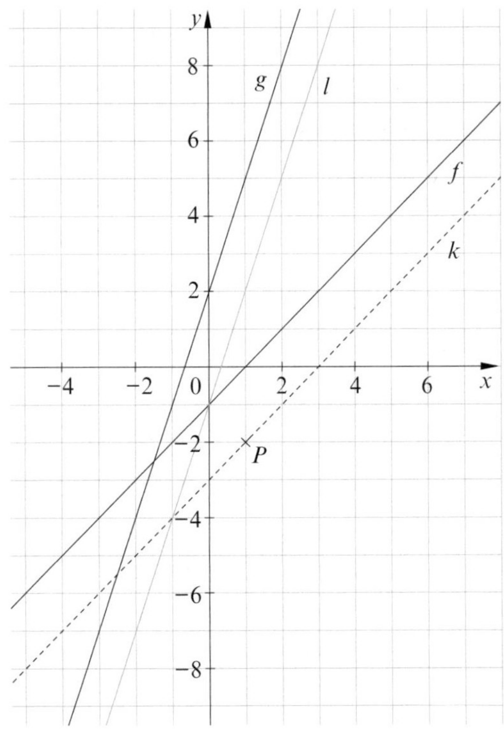

$k(x) = x - 3$

e) $l(x) = 3x - 1$ $\qquad$ siehe auch d)

f) Gerade f: $0 = x_0 - 1$

$x_0 = 1$ $\qquad$ $N(1\,|\,0)$

$f(0) = -1$ $\qquad$ $S_y(0\,|\,-1)$

Gerade g: $0 = 3x_0 + 2$

$x_0 = -\frac{2}{3}$ $\qquad$ $N(-\frac{2}{3}\,|\,0)$

$g(0) = 2$ $\qquad$ $S_y(0\,|\,2)$

g) $A = \frac{1}{2}ab = \frac{1}{2} \cdot 1\text{ LE} \cdot 1\text{ LE} = \frac{1}{2}\text{ FE}$

7 a) Die Brenndauer ist proportional zur Abnahme der Kerzenlänge.

1 h $\rightarrow$ 4 cm

2,5 h $\rightarrow$ 4 cm · 2,5 = 10 cm

Restlänge: 24 cm − 10 cm = 14 cm

Nach 150 min Brenndauer ist die Kerze noch 14 cm lang.

b) Die Steigung des Graphen ist negativ, da die Länge der Kerze zeitlich abnimmt.

c) $y = -4x + 24$

Die Steigung ($m = -4$) ist negativ.

d) x gibt die Brenndauer der Kerze in Stunden, y die zugehörige Kerzenlänge in cm an.

e) $0 = -4x_0 + 24$

$x_0 = 6$

Die Nullstelle gibt an, dass die Kerze nach 6 Stunden abgebrannt ist.

f) Definitionsbereich: $x \in \mathbb{R}$; $0 \leq x \leq 6$

Nur für $0 \leq x \leq 6$ beschreibt die Funktion die Kerzenlänge.

g) Wertebereich: $y \in \mathbb{R}$; $0 \leq y \leq 24$

8 a) Spannung in V

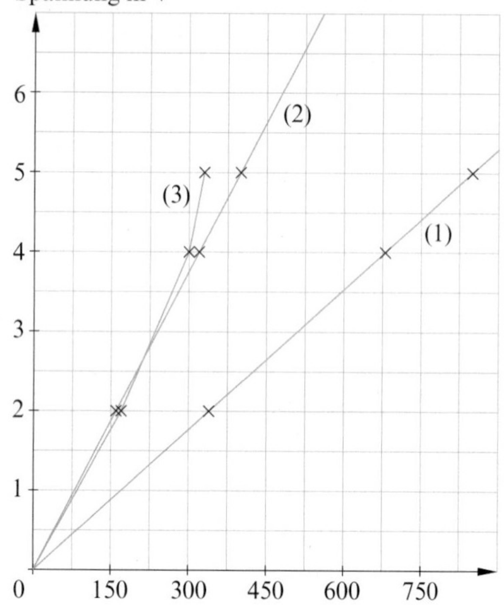

b) Direkte Proporzionalität liegt bei Bauelement 1 und 2 vor, da bei ihnen die Messpunkte im Diagramm auf einer Halbgeraden liegen, die vom Koordinatenursprung ausgeht.

c) Der Widerstand ist bei Bauelement 2 größer als bei Bauelement 1, da bei ihm das Verhältnis von Spannung zu Stromstärke größer ist.

d) Bauelement 1: $y = \frac{1}{170}x$

Bauelement 2: $y = \frac{1}{80}x$

x: Stromstärke in mA $\quad$ y: Spannung in V

Seite 19

9 a) Easy: D $\quad$ Telly: B $\quad$ Relax: A $\quad$ Flat: C

b) Easy: $0{,}39\ € \cdot 7 = 2{,}73\ €$

Telly: $0{,}29\ € \cdot 15 = 4{,}35\ €$

Ein 7 min langes Gespräch kostet bei „Easy“ 2,73 €. Ein 15 min langes Gespräch kostet bei „Telly“ ohne Grundgebühr 4,35 €.

c) Easy: $y = 0{,}39x$ $\quad$ Telly: $y = 4{,}95 + 0{,}29x$

x: monatliche Gesprächszeit in min

y: monatlicher Preis in €

d)

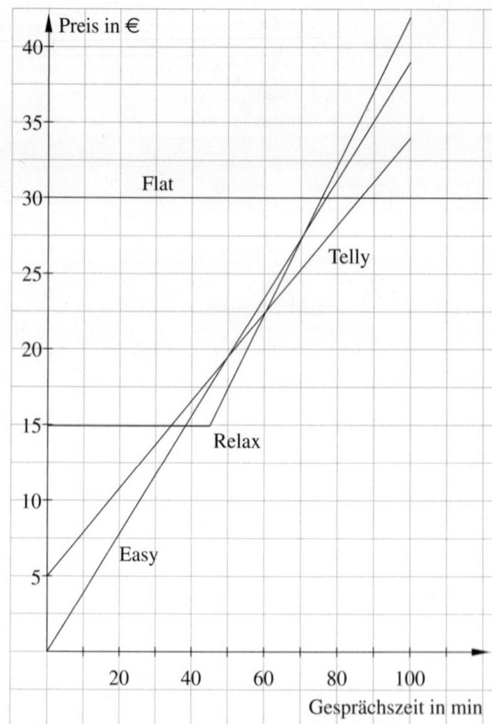

10 a) Der Regionalexpress hält auf der Strecke an. Da er sich später in Köln befindet, wird er durch den blauen Graphen beschrieben.

Für $2{,}5\ \text{h} < t < 2{,}6\ \text{h}$ sind die Funktionswerte gleich (etwa $s = 260$ km).

b) Der Güterzug hat etwa 160 km zurückgelegt.

c) Die Ausweichstelle ist etwa 110 km von Köln entfernt.

d) Regionalexpress: $1{,}3\ \text{h} - 0{,}5\ \text{h} = 0{,}8\ \text{h}$

Der Güterzug benötigt etwa 1,25 h = 75 min und der Regionalexpress etwa 0,8 h = 48 min.

e) $v = \frac{s}{t} = \frac{200\ \text{km}}{2{,}5\ \text{h}} = 80\ \frac{\text{km}}{\text{h}}$

Die Durchschnittsgeschwindigkeit des Güterzugs beträgt etwa $80\ \frac{\text{km}}{\text{h}}$.

11 a) Tarif A: $72\ € + 0{,}172\ \frac{€}{\text{KWh}} \cdot 500\ \text{kWh} = 158\ €$

$72\ € + 0{,}172\ \frac{€}{\text{KWh}} \cdot 3000\ \text{kWh} = 588\ €$

Tarif B: $108\ € + 0{,}158\ \frac{€}{\text{KWh}} \cdot 500\ \text{kWh} = 187\ €$

$108\ € + 0{,}158\ \frac{€}{\text{KWh}} \cdot 3000\ \text{kWh} = 582\ €$

Ein Jahresverbrauch von 500 kWh kostet bei Tarif A 158 €, bei Tarif B 187 €. Ein Jahresverbrauch von 3000 kWh kostet bei Tarif A 588 €, bei Tarif B 582 €.

b) Tarif A: $y = 72 + 0{,}172x$

Tarif B: $y = 108 + 0{,}158x$

x gibt die jährlich verbrauchte Stromenergie in kWh, y den zugehörigen Jahrespreis in € an.

c)

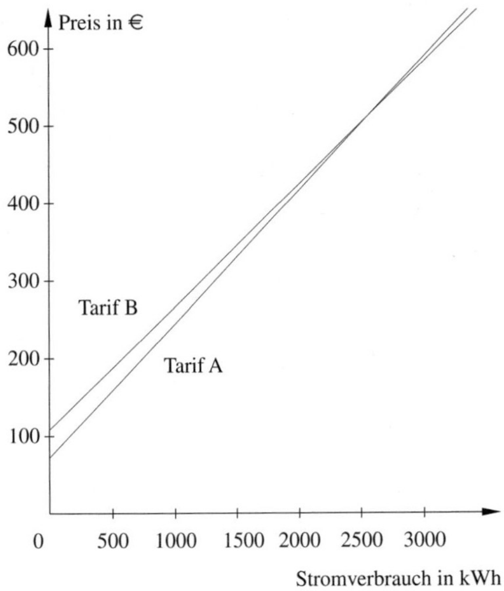

d) $72 + 0{,}172x = 108 + 0{,}158x$

$0{,}014x = 36$

$x \approx 2571$

z. B. Einsetzen in die Gleichung von Tarif A:
$72 + 0{,}172 \cdot 2571 \approx 514$
Der Schnittpunkt liegt etwa bei (2571 | 514).
Bei einem Verbrauch von 2571 kWh im Jahr sind beide Tarife mit ca. 514 € ungefähr gleich teuer. Werden im Jahr weniger als 2571 kWh verbraucht, ist Tarif A günstiger, werden mehr als 2571 kWh verbraucht, ist Tarif B günstiger.

SEITE 20

TEST ZU DEN GRUNDFERTIGKEITEN

	A	B	C	D
1		×		
	$L = \{(1; 3)\}$			
2	×	×	×	
3		×		
4		×	×	
5	Einsetzungsverfahren Gleichsetzungsverfahren Additionsverfahren			
6			×	×
7	$L = \{(2; 1)\}$			
8		×	×	

SEITE 21

AUFGABEN ZUM TRAINIEREN

1 a) $g(x) = -2{,}5x + 2$ $\quad h(x) = \frac{3}{7}x - 3$

b) $-2{,}5x + 2 = \frac{3}{7}x - 3$

$5 = \frac{41}{14}x$

$x = \frac{70}{41} \approx 1{,}71$

$g(\frac{70}{41}) = h(\frac{70}{41}) = -\frac{93}{41} \approx -2{,}27$ $\quad S(1\frac{29}{41} | -2\frac{11}{41})$

c) Die Gerade k muss parallel zur Geraden g verlaufen und die gleiche Steigung haben.

z. B. $k(x) = -2{,}5x - 1$

d) $y = -2{,}5x + 2$

Der Graph ist identisch mit der Geraden g.

2 a) z. B. Einsetzen von Gleichung II in I:

$2 \cdot (10x - 22) = 4x + 4$

$20x - 44 = 4x + 4$

$16x = 48$

$x = 3$

z. B. Einsetzen in Gleichung II:

$y = 10 \cdot 3 - 22$

$y = 8$ $\quad L = \{(3; 8)\}$

b) z. B. Auflösen von Gleichung II nach u und Einsetzen in Gleichung I:

$2 \cdot (6v - 16) - 3v = -8$

$9v - 32 = -8$

$v = \frac{8}{3}$

z. B. Einsetzen in Gleichung II:

$6 \cdot \frac{8}{3} - u = 16$

$u = 0$ $\quad L = \{(0; \frac{8}{3})\}$

c) z. B. „Addition“ von Gleichung I und II:

$4y = 2$

$y = \frac{1}{2}$

z. B. Einsetzen in Gleichung I:

$x + 2 \cdot \frac{1}{2} = 1$

$x = 0$ $\quad L = \{(0; \frac{1}{2})\}$

d) z. B. „Addition“ von Gleichung I und II:

$-z = 3$

$z = -3$

z. B. Einsetzen in Gleichung I:

$3x - 2 \cdot (-3) = -3$

$x = -3$ $\quad L = \{(-3; -3)\}$

3 a) x: größere Ziffer $\quad y$: kleinere Ziffer

I $x + y = 12$

II $x - y = 2$

z. B. Addition von Gleichung I und II:

$2x = 14$

$x = 7$

z. B. Einsetzen in Gleichung I:

$7 + y = 12$

$y = 5$ $\quad L = \{(7; 5)\}$

Die Zahl kann 75 oder 57 lauten.

b) I $3x + 2y = 26$

II $5x - 3y = 56$

z. B. Multiplikation von Gleichung I mit $\frac{3}{2}$ und Addition zu Gleichung II:

$\frac{19}{2}x = 95$

$x = 10$

z. B. Einsetzen in Gleichung I:

$3 \cdot 10 + 2y = 26$

$y = -2$ $\quad L = \{(10; -2)\}$

Die Zahlen lauten 10 und –2.

c) a: längere Seite in cm

b: kürzere Seite in cm

$u = 2a + 2b$

I $2a + 2b = 20$

II $a - b = 4{,}4$

z. B. Multiplikation von Gleichung II mit 2 und Addition zu Gleichung I:

$4a = 28{,}8$

$a = 7{,}2$

z. B. Einsetzen in Gleichung II:

$7{,}2 - b = 4{,}4$

$b = 2{,}8$

Die Seiten sind 7,2 cm und 2,8 cm lang.

d) x: Anzahl der Hühner
y: Anzahl der Kaninchen
I $x + y = 37$
II $2x + 4y = 106$
z. B. Auflösen von Gleichung I nach x und Einsetzen in Gleichung II:
$2 \cdot (37 - y) + 4y = 106$
$74 + 2y = 106$
$y = 16$
z. B. Einsetzen in Gleichung I:
$x + 16 = 37$
$x = 21$ $L = \{(21; 16)\}$
Es sind 21 Hühner und 16 Kaninchen.

e) a sei die Kantenlänge der acht kurzen Kanten an den quadratischen Flächen in cm, b sei die Kantenlänge der vier längeren Kanten in cm.
I $8a + 4b = 140$
II $b - a = 5$
z. B. Auflösen von Gleichung II nach b und Einsetzen in Gleichung I:
$8a + 4 \cdot (5 + a) = 140$
$12a + 20 = 140$
$a = 10$
z. B. Einsetzen in Gleichung II:
$b - 10 = 5$
$b = 15$ $L = \{(10; 15)\}$
Die Kanten sind 10 cm und 15 cm lang.

4 a) Anzahl der Abzüge: $2 \cdot 24 = 48$
Kosten bei zwei CD's mit jeweils 24 Bildern und jeweils einem Abzug pro Bild:
Foto Fix: 2,80 € · 2 + 0,25 € · 48 = 17,60 €
Gut & günstig: 0,35 € · 48 = 16,80 €
Bilderwelt: 3,70 € · 2 + 0,15 € · 48 = 14,60 €

b) Foto Fix: $y = 2{,}80 + 0{,}25x$
Gut & günstig: $y = 0{,}35x$
Bilderwelt: $y = 3{,}70 + 0{,}15x$
x: Anzahl der Abzüge
y: Kosten bei einer CD in €

c)
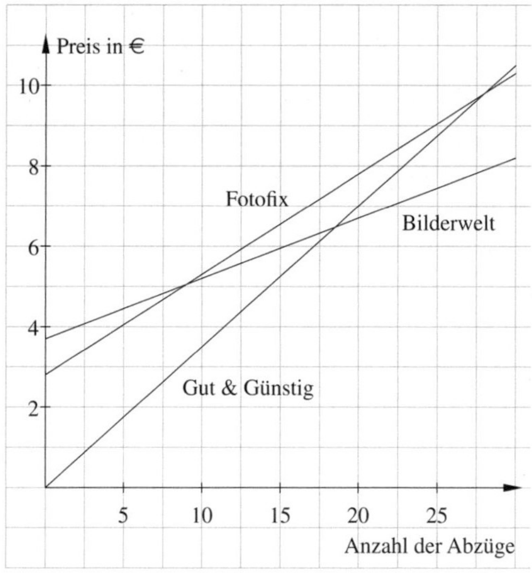

Bestimmung der Schnittpunkte der Graphen:
Foto Fix/Gut & günstig:
$2{,}80 + 0{,}25x = 0{,}35x$
$x = 28$
z. B. Einsetzen bei Gut & günstig:
$0{,}35 \cdot 28 = 9{,}80$ $S(28\,|\,9{,}80)$
Foto Fix/Bilderwelt:
$2{,}80 + 0{,}25x = 3{,}70 + 0{,}15x$
$x = 9$
z. B. Einsetzen bei Foto Fix:
$2{,}80 + 0{,}25 \cdot 9 = 5{,}05$ $S(9\,|\,5{,}05)$
Gut & günstig/Bilderwelt:
$0{,}35x = 3{,}70 + 0{,}15x$
$x = 18{,}5$
z. B. Einsetzen bei Gut & günstig:
$0{,}35 \cdot 18{,}5 = 6{,}475$ $S(18{,}5\,|\,6{,}475)$
Bei einem Schnittpunkt von zwei Graphen sind die Kosten der beiden Anbieter gleich, wenn die Anzahl der Abzüge dem x-Wert entspricht.

d) Bilderwelt ist ab einer Anzahl von 19 Abzügen der preiswerteste Anbieter.

Seite 22

Test zu den Grundfertigkeiten

	A	B	C	D
1	×	×		×
2	×		×	×
3	×	×		×
4a			×	
4b			×	
4c		×		
5	×		×	×
6	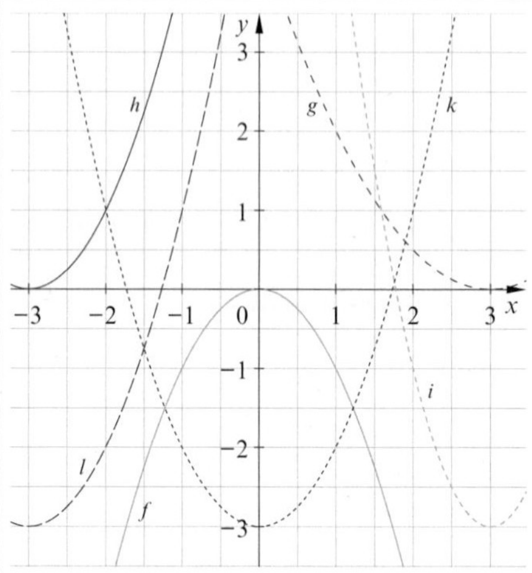			
7	$x_1 = -3 + \sqrt{3} \approx -1{,}27$ $x_2 = -3 - \sqrt{3} \approx -4{,}73$			
8		×		
9	×		×	

Seite 23

Aufgaben zum Trainieren

1 a) (1) $c^2 - 6c - 56 = 0$ $\quad c_1 = 3 + \sqrt{65} \approx 11{,}06$
$c_2 = 3 - \sqrt{65} \approx -5{,}06$
(2) $x^2 + 8x - 9 = 0$ $\quad x_1 = 1 \quad x_2 = -9$
(3) $a^2 + 4a = 0$ $\quad a_1 = 0 \quad a_2 = -4$
(4) $x^2 - 7x + 12 = 0$ $\quad x_1 = 4 \quad x_2 = 3$
(5) $x^2 - 3x - 10 = 0$ $\quad x_1 = 5 \quad x_2 = 2$
(6) $x^2 + x = 0$ $\quad x_1 = 0 \quad x_2 = -1$
(7) $x^2 - 8x - 9 = 0$ $\quad x_1 = 9 \quad x_2 = -1$

b) $f(x) = (x - 2)^2 - 3 \quad g(x) = (x + 1)^2$
$h(x) = 3\,(x - 1)^2 - 3$
Punkte zur Kontrolle der Skizzen:
f: $S(2\,|\,-3)$, $S_y(0\,|\,1)$, $N_1(3{,}73\,|\,0)$, $N_2(0{,}27\,|\,0)$
g: $S(-1\,|\,0)$, $S_y(0\,|\,1)$
h: $S(1\,|\,-3)$, $N_1(2\,|\,0)$, $N_2(0\,|\,0)$

c) (1) $36a^2 + 12ab + b^2 = (6a + b)^2$
(2) $25c^2 - 81d^2 = (5c - 9d) \cdot (5c + 9d)$
(3) $(7e - 2f)^2 = 49e^2 - 28ef + 4f^2$

d) In der zweiten Zeile wurde beim Ausmultiplizieren nicht jedes Glied des ersten Terms mit jedem Glied des zweiten Terms multipliziert. In der letzten Zeile wurde die Wurzel aus $\frac{2}{5}$ falsch berechnet.
Korrektur:

$$(4x - 2) \cdot (3x + 7) = -12 + 7x^2$$
$$12x^2 + 28x - 6x - 14 = -12 + 7x^2$$
$$5x^2 + 22x - 2 = 0$$
$$x^2 + 4{,}4x - 0{,}4 = 0$$

$x_{1/2} = -2{,}2 \pm \sqrt{5{,}24} \quad x_1 \approx 0{,}089 \quad x_2 \approx -4{,}489$

2 a) $S(2\,|\,-1)$
b) $y = x^2 - 4x + 3$
c) $0 = x^2 - 4x + 3 \quad x_1 = 3 \quad x_2 = 1$
$S_y(0\,|\,3)$
d) $8 = x^2 - 4x + 3$
$0 = x^2 - 4x - 5 \quad x_1 = 5 \quad x_2 = -1$
e)

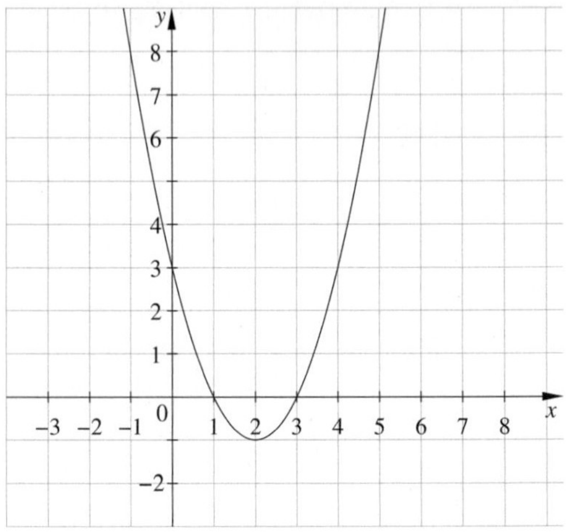

f) Die Symmetrieachse verläuft vertikal (parallel zur y-Achse) durch den Scheitelpunkt $S(2\,|\,-1)$.
Wertebereich: $y \in \mathbb{R}$; $y \geq -1$
g) $y = (x + 2)^2 - 1$

3 a) $0 = x^2 - 5x + 6$

$x_1 = 3 \quad x_2 = 2 \qquad N_1(3 \mid 0) \quad N_2(2 \mid 0)$

$S_y(0 \mid 6)$

b) $S(2{,}5 \mid -0{,}25)$

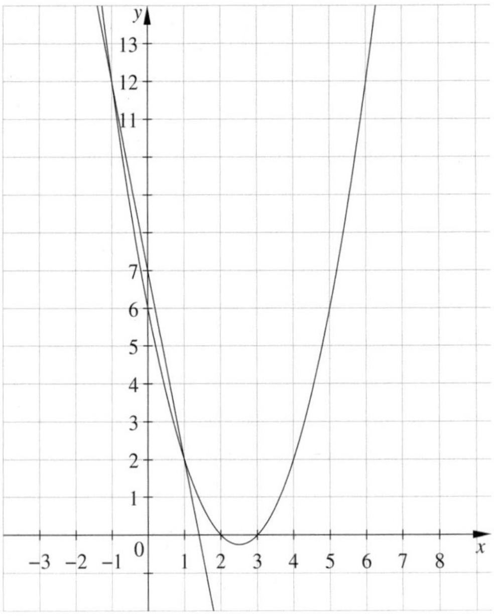

c) Die Funktion f ist für $x \leq 2{,}5$ monoton fallend.

d) $(\frac{p}{2})^2 - q = 0$

$(\frac{-5}{2})^2 - q = 0$

$q = 6{,}25$

e) siehe b)

f) $S_1(1 \mid 2) \qquad S_2(-1 \mid 12)$

g) $x^2 - 5x + 6 = -5x + 7$

$x^2 = 1$

$x_1 = 1 \quad x_2 = -1$

$-5 \cdot 1 + 7 = 2 \qquad S_1(1 \mid 2)$

$-5 \cdot (-1) + 7 = 12 \qquad S_2(-1 \mid 12)$

4 Radius: 30 cm

Ist eine Einheit 1 cm lang, muss die Parabel den Punkt $(30 \mid 6)$ enthalten.

$6 = a \cdot 30^2$

$a = \frac{1}{150} \qquad y = \frac{1}{150}x^2$

SEITE 24

5 a) $x^2 = 5x$

$x_1 = 0 \quad x_2 = 5$

Die gesuchte Zahl kann 0 oder 5 sein.

b) a: Kantenlänge in cm

$A_O = 6a^2 = 37{,}5$

$a^2 = 6{,}25$

$a_1 = 2{,}5 \quad a_2 = -2{,}5$

a_2 ist keine praxisrelevante Lösung, da die Kantenlänge positiv sein muss.

Die Kantenlänge beträgt 2,5 cm.

c) $x \cdot (x + 10) = 704$

$x^2 + 10x - 704 = 0$

$x_{1/2} = -5 \pm \sqrt{729} \qquad x_1 = 22 \quad x_2 = -32$

x_2 ist keine natürliche Zahl.

Die gesuchte natürliche Zahl lautet 22.

d) $x^2 + 7x = 8$

$x^2 + 7x - 8 = 0$

$x_{1/2} = -3{,}5 \pm \sqrt{20{,}25} \quad x_1 = 1 \quad x_2 = -8$

x_2 ist keine natürliche Zahl.

Die gesuchte natürliche Zahl lautet 1.

e) a: Länge der kürzeren Seite in cm

$A = ab = a(a + 5) = 218{,}75$

$a^2 + 5a - 218{,}75 = 0$

$a_{1/2} = -2{,}5 \pm \sqrt{225} \qquad a_1 = 12{,}5 \quad a_2 = -17{,}5$

a_2 ist keine praxisrelevante Lösung, da die Seitenlänge positiv sein muss.

längere Seite: 12,5 cm + 5 cm = 17,5 cm

Die Seiten sind 12,5 cm und 17,5 cm lang.

f) a: Länge der kürzeren Kathete in cm

$A = \frac{1}{2}ab = \frac{1}{2}a(a + 16) = 40$

$a^2 + 16a - 80 = 0$

$a_{1/2} = -8 \pm \sqrt{144} \qquad a_1 = 4 \quad a_2 = -20$

a_2 ist keine praxisrelevante Lösung, da die Kathetenlänge positiv sein muss.

längere Kathete: 4 cm + 16 cm = 20 cm

Die Katheten sind 4 cm und 20 cm lang.

g) Die Gleichung hat für $a > 0$ zwei Lösungen.

6 a) Fläche des Grundstücks:

$A = ab = 80\text{ m} \cdot 60\text{ m} = 4800\text{ m}^2$

x: Breite der Parkstreifen in m

Fläche des Supermarktes:

$4800 : 2 = (80 - x) \cdot (60 - x)$

$2400 = 4800 - 140x + x^2$

$x^2 - 140x + 2400 = 0$

$x_{1/2} = 70 \pm \sqrt{2500} \qquad x_1 = 120 \quad x_2 = 20$

x_1 ist keine praxisrelevante Lösung, da die Breite kleiner als 60 m sein muss.

Der Parkstreifen ist 20 m breit.

b) Fläche zum Abstellen der Autos:

$W = p \cdot \frac{G}{100} = 60 \cdot \frac{2400\text{ m}^2}{100} = 1440\text{ m}^2$

Annahme für die Fläche eines Stellplatzes:

$5\text{ m} \cdot 2{,}5\text{ m} = 12{,}5\text{ m}^2$

Anzahl der Stellplätze:

$1440\text{ m}^2 : 12{,}5\text{ m}^2 = 115{,}2$

Auf dem Parkplatz können etwa 115 Autos parken.

c) Fläche mit Pflastersteinen:

$W = p \cdot \frac{G}{100} = 30 \cdot \frac{2400\text{ m}^2}{100} = 720\text{ m}^2$

Kosten der Pflastersteine: $720 \cdot 40$ € = 28 800 €

Fläche mit Rasengittersteinen:

$2400\text{ m}^2 - 720\text{ m}^2 = 1680\text{ m}^2$

Kosten der Rasengittersteine:

$1680 \cdot 35$ € = 58 800 €

Gesamtkosten: 28 800 € + 58 800 € = 87 600 €

Es sind 87 600 € einzuplanen.

7 a) Maßstab 1 : 2

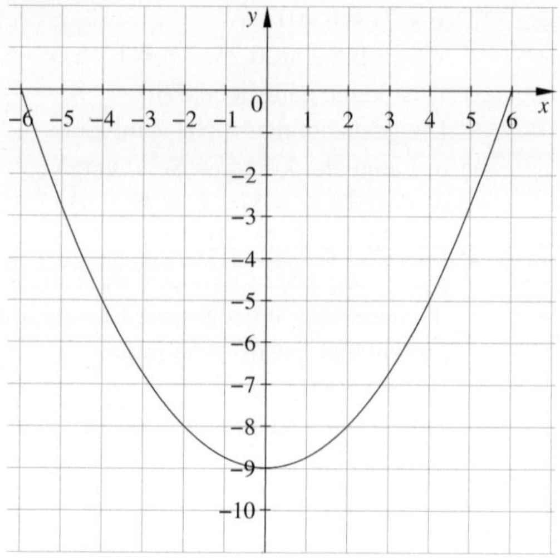

b) $0{,}25 \cdot 0^2 - 9 = -9$
Die Rinne ist 9 cm tief.

c) Die Breite der Rinne ergibt sich aus dem Abstand der Nullstellen.
$0 = 0{,}25x^2 - 9$
$x^2 = 36 \qquad x_1 = 6 \quad x_2 = -6$
Die Rinne ist 12 cm breit.

d) Die Wasseroberfläche liegt bei $y = -5$.
$-5 = 0{,}25x^2 - 9$
$x^2 = 16 \qquad x_1 = 4 \quad x_2 = -4$
Die Entfernung beträgt 2 cm.

e) Die Wasseroberfläche liegt bei $y = -4{,}5$.
$-4{,}5 = 0{,}25x^2 - 9$
$x^2 = 18$
$x_1 = \sqrt{18} \approx 4{,}24 \qquad x_2 = -\sqrt{18} \approx -4{,}24$
Breite der Wasseroberfläche: 8,48 cm
$A = ab \approx 500\text{ cm} \cdot 8{,}48\text{ cm} = 4240\text{ cm}^2$
Die Wasseroberfläche ist ca. 4240 cm² groß.

8 a) Der Funktionswert an der Stelle $x = 10$ muss −5 betragen.
(1) $f(10) = -\frac{1}{10} \cdot 10^2 = -10$
(2) $g(10) = -\frac{1}{20} \cdot 10^2 = -5$
Gleichung (2) gehört zur Parabel.

b) z. B.

x	−10	0	2	4	6	8	10
$g(x)$	−5	0	−0,2	−0,8	−1,8	−3,2	−5

c) $g(6) = -\frac{1}{20} \cdot 6^2 = -1{,}8$
Die Verstrebung k ist 1,8 m lang.

d) Die Spannweite ergibt sich aus der Differenz der x-Werte mit dem Funktionswert −5.
$-5 = -\frac{1}{25}x^2$
$x^2 = 125$
$x_1 = 5\sqrt{5} \approx 11{,}18 \qquad x_2 = -5\sqrt{5} \approx -11{,}18$
$x_1 - x_2 \approx 22{,}36$
Die Spannweite beträgt ca. 22,36 m.

9 a) Die Parabel ist nach unten geöffnet.

b) Die Enden des Brückenbogens befinden sich bei $x = -18$ und $x = 18$.
$-\frac{1}{9} \cdot 18^2 = -36 \qquad -\frac{1}{9} \cdot (-18)^2 = -36$
Der sichtbare Teil der beiden längsten Stützen ist 36 m lang.

c) $-\frac{1}{9} \cdot 9^2 = -9 \qquad -\frac{1}{9} \cdot (-9)^2 = -9$
Die blau eingezeichneten Stützen sind 9 m lang.

d) $y = -\frac{1}{9}x^2 + 36$

10 a) Radius des Abwurfkreises: $r = 1{,}065$ m
$A = \pi r^2 = \pi \cdot (1{,}065\text{ m})^2 \approx 3{,}56\text{ m}^2$
Der Abwurfkreis hat eine Fläche von ca. 3,56 m².

b) minimaler Kugelradius: $r = 5{,}5$ cm
maximaler Kugelradius: $r = 6{,}5$ cm
$V = \frac{4}{3}\pi r^3$
minimales Volumen:
$V = \frac{4}{3}\pi \cdot (5{,}5\text{ cm})^3 \approx 697\text{ cm}^3$
maximales Volumen:
$V = \frac{4}{3}\pi \cdot (6{,}5\text{ cm})^3 \approx 1150\text{ cm}^3$
Das Volumen der Kugel liegt ca. zwischen 697 cm³ und 1150 cm³.

c) Dichte: $\rho = \frac{m}{V}$
$V = m : \rho = 7250\text{ g} : 7{,}9\,\frac{\text{g}}{\text{cm}^3} \approx 917\text{ cm}^3$
Es ist möglich, dass eine Kugel beim Kugelstoßen aus reinem Eisen besteht.

d) Radius des äußeren Kreises:
$r = 1{,}065\text{ m} + 25\text{ m} = 26{,}065\text{ m}$
Kreissektor: $A = \frac{\pi}{360°}\alpha r^2$
Kreissektor des äußeren Kreises:
$A = \frac{\pi}{360°} \cdot 35° \cdot (26{,}065\text{ m})^2 \approx 207{,}51\text{ m}^2$
Kreissektor des inneren Kreises:
$A = \frac{\pi}{360°} \cdot 35° \cdot (1{,}065\text{ m})^2 \approx 0{,}35\text{ m}^2$
hellblaue Fläche:
$A \approx 207{,}51\text{ m}^2 - 0{,}35\text{ m}^2 = 207{,}16\text{ m}^2$
Die hellblaue Fläche ist ca. 207,2 m² groß.

e) Für $x = 0$ gilt $y = 1{,}6$.
Jan stößt die Kugel in 1,6 m Höhe ab.

f) $y = -0{,}0568 \cdot 2^2 + 0{,}7385 \cdot 2 + 1{,}6 \approx 2{,}85$
In 2 m Entfernung vom Abstoßpunkt erreicht die Kugel eine Höhe von ca. 2,85 m.

g) $y = -0{,}0568 \cdot 10^2 + 0{,}7385 \cdot 10 + 1{,}6 = 3{,}305$
Da sich die Kugel in einer Höhe von ca. 3,31 m befindet, kann Leon nicht von der Kugel getroffen werden.

h) Scheitelpunkt der Parabel: $S(-\frac{b}{2a} \mid \frac{4ac - b^2}{4a})$
$-\frac{0{,}7385}{2 \cdot (-0{,}0568)} \approx 6{,}5 \qquad \frac{4 \cdot (-0{,}0568) \cdot 1{,}6 - 0{,}7385^2}{4 \cdot (-0{,}0568)} \approx 4$
$S(6{,}5 \mid 4)$
Die maximale Flughöhe beträgt ca. 4 m. Sie wird in ca. 6,5 m Entfernung von Jan erreicht.

i) $0 = -0{,}0568 \cdot x^2 + 0{,}7385 \cdot x + 1{,}6$

$x^2 - 13x - 28{,}17 = 0$

$x_{1/2} = 6{,}5 \pm \sqrt{70{,}42}$ $x_1 \approx 14{,}89$ $x_2 \approx -1{,}89$

x_2 ist keine praxisrelevante Lösung, da die Weite des Stoßes positiv sein muss.

Jan stößt die Kugel ca. 14,89 m weit.

j) 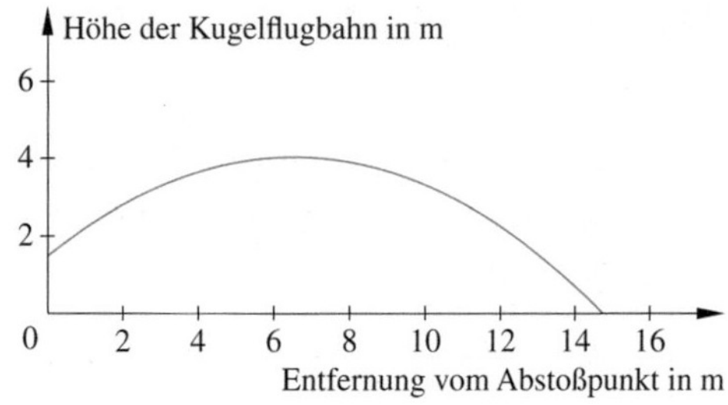

In einem Koordinatensystem werden die berechneten Schnittpunkte mit der y- und x-Achse sowie der Scheitelpunkt eingetragen. Da die Flugbahn eine Parabel darstellt, werden die Punkte dementsprechend verbunden.

SEITE 26

TEST ZU DEN GRUNDFERTIGKEITEN

	A	B	C	D
1a		×	×	
1b	×			×
1c		×		
2				×
3	×	×		×
4		×	×	×
5		×	×	×
6		×		
7	blau: $y = h(x) = x^{\frac{1}{2}}$ schwarz: $y = k(x) = x^3$			
8	$f(x) = x^2$ $g(x) = x^{-2}$ $h(x) = x^{-3}$ $k(x) = x^3$ $i(x) = x^5$			
9	$x = 4$	$x = 3$	$x = -3$	$x = -2$

SEITE 27

AUFGABEN ZUM TRAINIEREN

1 a) 10^8
b) 10^{-1}
c) $7 \cdot 4^3$
d) Der Term lässt sich nicht mithilfe der Potenzgesetze vereinfachen.
e) $105a^{12}$
f) $7a^4$
g) $\frac{10}{3x^3z^5}$
h) $\frac{7}{3x^4}$

2 a) $\frac{1}{2} + \frac{10}{4} - \frac{7}{8} = \frac{17}{8}$
b) $10^3 + \frac{1}{10^2} - 100 = 900{,}01$
c) $0{,}5 + 0{,}4 - 0{,}3 = 0{,}6$
d) $11 + 110 + 1300 = 1421$
e) $\sqrt{3} + \sqrt{3} \cdot 9 = 10 \cdot \sqrt{3}$
f) $\frac{6}{14} = \frac{3}{7}$
g) $3 \cdot 2 = 6$
h) $\frac{2x}{3}$
i) $\frac{2}{6} = \frac{1}{3}$
j) $3 + 2\sqrt{36} + 12 = 27$
k) $24 - 2\sqrt{144} + 6 = 6$

3 a) $x + 1 = 3$
$x = 2$ $\quad L = \{2\}$
b) $3x + 9 = 12$
$3x = 3$
$x = 1$ $\quad L = \{1\}$
c) $8x + 8 = (2x - 2)^2$
$8x + 8 = 4x^2 - 8x + 4$
$0 = 4x^2 - 16x - 4$
$x^2 - 4x - 1 = 0$ $\quad x_1 = 2 + \sqrt{5} \approx 4{,}236$
$x_2 = 2 - \sqrt{5} \approx -0{,}236$
Probe für x_1:
$\sqrt{8 \cdot (2 + \sqrt{5}) + 8} = 2 \cdot (2 + \sqrt{5}) - 2$
x_1 ist Lösung.
Probe für x_2:
$\sqrt{8 \cdot (2 - \sqrt{5}) + 8} \neq 2 \cdot (2 - \sqrt{5}) - 2$
x_2 ist keine Lösung.
$L = \{2 + \sqrt{5}\}$
d) $4x - 6 = 2$
$4x = 8$
$x = 2$ $\quad L = \{2\}$

4 a)

x	-2	-1	$-\frac{1}{2}$	0	$\frac{1}{2}$	1
y	$\frac{1}{4}$	1	4	n. d.	4	1

(n. d. = nicht definiert)

b)
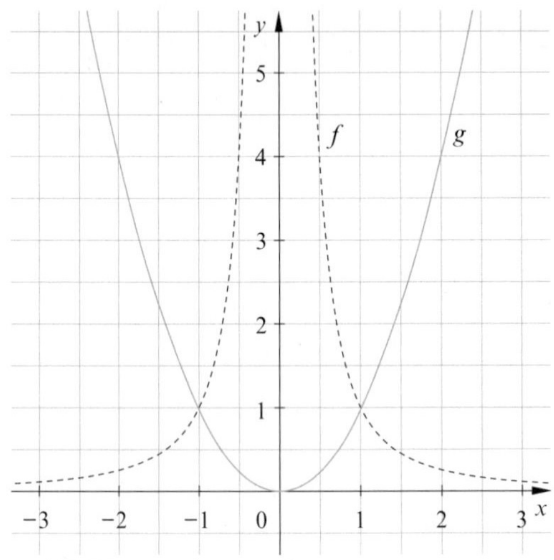

c) $f(\sqrt{2005}) = \frac{1}{(\sqrt{2005})^2} = \frac{1}{2005}$
d) $\frac{1}{x^2} < 0{,}0001$
$\frac{1}{0{,}0001} < x^2$
$10\,000 < x^2$
$100 < x$ $\quad$ für $x > 0$
$L = \{x \in \mathbb{R} \mid x > 100\}$
e) siehe b)
f) $x_1 = 1 \quad x_2 = -1$
g) $\frac{1}{x^2} = x^2$
h) Nach dem Satz des Pythagoras gilt für den Abstand d der Schnittpunkte $S_1(1 \mid 1)$ und $S_2(-1 \mid 1)$ zum Koordinatenursprung jeweils:
$d^2 = (1\text{ LE})^2 + (1\text{ LE})^2$
$d = \sqrt{(1\text{ LE})^2 + (1\text{ LE})^2} = \sqrt{2}\text{ LE} \approx 1{,}414\text{ LE}$

SEITE 28

5 a) keine der angegebenen Funktionen
b) f
c) j, k
d) g
e) g
f) j

6 a)

x	–2	–1	0	1	2
$f(x)$	–8	–1	0	1	8

x	–2	–1	0	1	2
$g(x)$	n. d.	n. d.	0	1	≈ 1,26

x	–2	–1	0	1	2
$h(x)$	n. d.	n. d.	n. d.	1	≈ 0,79

x	–2	–1	0	1	2
$i(x)$	4	0,5	0	–0,5	–4

x	–2	–1	0	1	2
$k(x)$	≈ 0,11	≈ 0,33	1	3	9

(n. d. = nicht definiert)

b) f: $10 = x^3$
$x = \sqrt[3]{10} \approx 2{,}154$
g: $10 = x^{\frac{1}{3}}$
$x = 10^3 = 1000$
h: $10 = x^{-\frac{1}{3}}$
$x = 10^{-3} = 0{,}001$
i: $10 = -0{,}5x^3$
$-20 = x^3$
$x = -\sqrt[3]{20} \approx -2{,}714$
k: $10 = 3^x$
$x = \log_3 10 \approx 2{,}096$
$-\sqrt[3]{20} < 0{,}001 < \log_3 10 < \sqrt[3]{10} < 1000$

c)

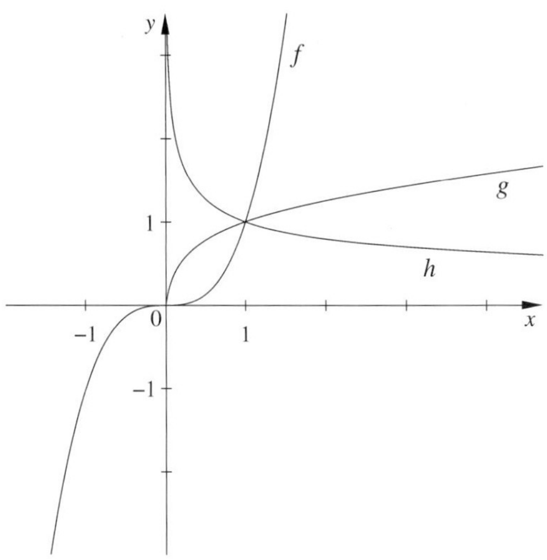

d) f: $x_0 = 0$ g: $x_0 = 0$
h: keine Nullstelle i: $x_0 = 0$
k: keine Nullstelle

e)

	Definitionsbereich	Wertebereich
f	$x \in \mathbb{R}$	$y \in \mathbb{R}$
g	$x \in \mathbb{R}, x \geq 0$	$y \in \mathbb{R}, y \geq 0$
h	$x \in \mathbb{R}, x > 0$	$y \in \mathbb{R}, y > 0$
i	$x \in \mathbb{R}$	$y \in \mathbb{R}$
k	$x \in \mathbb{R}$	$y \in \mathbb{R}, y > 0$

f) Der Graph von f_1 geht aus dem Graphen von f durch Verschiebung um eine Einheit nach unten hervor.
Der Graph von f_2 geht aus dem Graphen von f durch Verschiebung um eine Einheit nach rechts hervor.

g) $h^{-1}(x) = x^{-3}$ für $x > 0$

h) Die Funktionen f und g sind Umkehrfunktionen für $x \geq 0$.

7 a) x gibt die Anzahl der Tage, $f(x)$ die zugehörige Algenanzahl bei linearem Wachstum und $w(x)$ die zugehörige Algenanzahl bei exponentiellem Wachstum an.

b) Die Funktionsgleichung muss von den Wertepaaren (3; 240) und (10; 359) erfüllt werden.
lineares Wachstum:
I $240 = m \cdot 3 + n$
II $359 = m \cdot 10 + n$
z. B. Subtraktion von Gleichung II und I:
$119 = m \cdot 7$
$m = 17$
z. B. Einsetzen in Gleichung I:
$240 = 17 \cdot 3 + n$
$n = 189$ $f(x) = 17x + 189$
Algenanzahlen bei linearem Wachstum:
$f(10) = 17 \cdot 10 + 189 = 359$
$f(20) = 17 \cdot 20 + 189 = 529$
$f(30) = 17 \cdot 30 + 189 = 699$
exponentielles Wachstum:
I $240 = w_0 \cdot q^3$
II $359 = w_0 \cdot q^{10}$
z. B. Division von Gleichung II durch I:
$\frac{359}{240} = q^7$
$q = \sqrt[7]{\frac{359}{240}} \approx 1{,}0592$
z. B. Einsetzen in Gleichung I:
$240 = w_0 \cdot 1{,}0592^3$
$w_0 = \frac{240}{1{,}0592^3} \approx 202$ $w(x) = 202 \cdot 1.0592^x$
Algenanzahlen bei exponentiellem Wachstum:
$w(10) = 202 \cdot 1.0592^{10} \approx 359$
$w(20) = 202 \cdot 1.0592^{20} \approx 638$
$w(30) = 202 \cdot 1.0592^{30} \approx 1134$

c) Abweichung beim linearen Wachstum:
$200 - 189 = 11$
$p = \frac{W}{G} \cdot 100 = \frac{11}{189} \cdot 100 \approx 5{,}82$
Abweichung beim exponentiellen Wachstum:
$202 - 200 = 2$
$p = \frac{W}{G} \cdot 100 = \frac{2}{202} \cdot 100 \approx 0{,}99$

Die Abweichung von 200 zum Startwert des linearen Wachstums beträgt ca. 5,82 %, die Abweichung von 200 zum Startwert des exponentiellen Wachstums beträgt ca. 0,99 %. Es liegt vermutlich exponentielles Wachstum vor.

d) $w(x) = 200 \cdot 1.06^x$
$2000 = 200 \cdot 1.06^x$
$10 = 1.06^x$
$x = \log_{1,06} 10 \approx 39{,}5$
Der Bestand hat sich nach ca. 39,5 Tagen verzehnfacht.

e) Wachstumsfaktor: $q = 1 + \frac{p}{100} = 1 + \frac{2}{100} = 1{,}02$
$w(x) = 200 \cdot 1{,}02^x$
Algenanzahlen:
$w(10) = 200 \cdot 1.02^{10} \approx 244$
$w(20) = 200 \cdot 1.02^{20} \approx 297$
$w(30) = 200 \cdot 1.02^{30} \approx 362$

Seite 29

8 a) Mit jeder Faltung verdoppelt sich die Dicke des Papiers. Nach 4 Faltungen ist es 2 mm, nach 5 Faltungen 4 mm und nach x Faltungen 2^{x-3} mm dick.
Dicke nach 15 Faltungen:
2^{15-3} mm $= 2^{12}$ mm $= 4096$ mm $= 4{,}096$ m
Nach 15 Faltungen (in der Praxis sicherlich nicht möglich) wäre das Papier ca. 4,1 m dick.

b) Quader: $V = abc = 2\text{ m} \cdot 3\text{ m} \cdot 4\text{ m} = 24\text{ m}^3$
Würfel: $V = 3 \cdot 24\text{ m}^3 = 72\text{ m}^3$
a: Kantenlänge des Würfels $\quad V = a^3$
$a = \sqrt[3]{V} = \sqrt[3]{72\text{ m}^3} \approx 4{,}16\text{ m} = 416\text{ cm}$
Die Kantenlänge des Würfels beträgt ca. 416 cm.

c) a: Seitenlänge des Grundstücks
$A = a^2 \quad a = \sqrt{A} = \sqrt{1089\text{ m}^2} = 33\text{ m}$
Umfang des Grundstücks:
$u = 4a = 4 \cdot 33\text{ m} = 132\text{ m}$
Zaunlänge: 132 m – 3 m = 129 m
Es werden 129 m Zaun gebraucht.

d) Flächeninhalt des Fotos: $A = ab$
k: Vergrößerungsfaktor
Flächeninhalt des vergrößerten Fotos:
$A' = ka \cdot kb = k^2 \cdot ab$
$A' = 3 \cdot A$ d. h. $k^2 \cdot ab = 3 \cdot ab$
$k^2 = 3 \quad k = \sqrt{3} \approx 1{,}73 = 173\ \%$
Am Kopierer muss Norman einen Prozentsatz von ca. 173 % einstellen.

e) Das zweite, auf diese Weise konstruierte Quadrat hat die halbe Seitenlänge wie das gegebene Quadrat. Seine Seitenlänge beträgt also 16 cm.

Quadratnummer	2	4	6	8	10
Seitenlänge in cm	16	8	4	2	1

Das zehnte Quadrat hat eine Seitenlänge von 1 cm und einen Flächeninhalt von 1 cm².

9 a) t: Anzahl der Jahre $\quad K$: Kapital nach t Jahren
$K(t) = 2000\text{ €} \cdot (1 + \frac{3{,}5}{100})^t$

b) $K(14) = 2000\text{ €} \cdot (1 + \frac{3{,}5}{100})^{14} \approx 3237{,}39\text{ €}$
$K(16) = 2000\text{ €} \cdot (1 + \frac{3{,}5}{100})^{16} \approx 3467{,}97\text{ €}$
$K(18) = 2000\text{ €} \cdot (1 + \frac{3{,}5}{100})^{18} \approx 3714{,}98\text{ €}$

c) Es handelt sich nicht um eine Potenzfunktion, sondern um eine Exponentialfunktion, da die Variable im Exponenten steht.

d) Guthaben nach 18 Jahren bei 3,9 % Zinsen:
$2000\text{ €} \cdot (1 + \frac{3{,}9}{100})^{18} \approx 3982{,}08\text{ €}$
Differenz: 3982,08 € – 3714,98 € = 267,10 €
Lea hätte 267,10 € mehr an Guthaben.

10 a) Wachstumsfaktor: $q = 1 + \frac{p}{100} = 1 + \frac{5}{100} = 1{,}05$
$y = 0{,}85 \cdot 1{,}05^x$

b) x gibt die Anzahl der seit 1992 vergangenen Jahre, y den zugehörigen Preis in € an.

c) $x = 2004 - 1992 = 12$
$y = 0{,}85 \cdot 1{,}05^{12} \approx 1{,}53$
Im Jahr 2004 würde das Mischbrot ca. 1,53 € kosten.

d) $x = 2020 - 1992 = 28$
$y = 0{,}85 \cdot 1{,}05^{28} \approx 3{,}33$
Im Jahr 2020 müsste man ca. 3,33 € zahlen.

e) $1{,}14 = 0{,}85 \cdot 1{,}05^x$
$x = \log_{1,05}(\frac{1{,}14}{0{,}85}) \approx 6{,}02$
Jahr: 1992 + 6 = 1998
Im Jahr 1998 kostete das Mischbrot 1,14 €.

f) $y = 0{,}85 \cdot q^x$
$1{,}04 = 0{,}85 \cdot q^{12}$
$q = \sqrt[12]{\frac{1{,}04}{0{,}85}} \approx 1{,}017$
jährlicher Anstieg in %:
$p = 100 \cdot (q - 1) \approx 100 \cdot (1{,}017 - 1) = 1{,}7$
Hätte das Brot 2004 nur 1,04 € gekostet, wäre der Preis jährlich um ca. 1,7 % gestiegen.

11 a)

Höhe in m	1	5	10	25
Fallzeit in s	≈ 0,45	1	≈ 1,41	≈ 2,24

b) $t^2 = \frac{2 \cdot h}{g}$
$h = \frac{1}{2}gt^2 = \frac{1}{2} \cdot 10\,\frac{\text{m}}{\text{s}^2} \cdot (6{,}3\text{ s})^2 = 198{,}45\text{ m}$
Der Schacht ist ca. 198 m tief.

c)
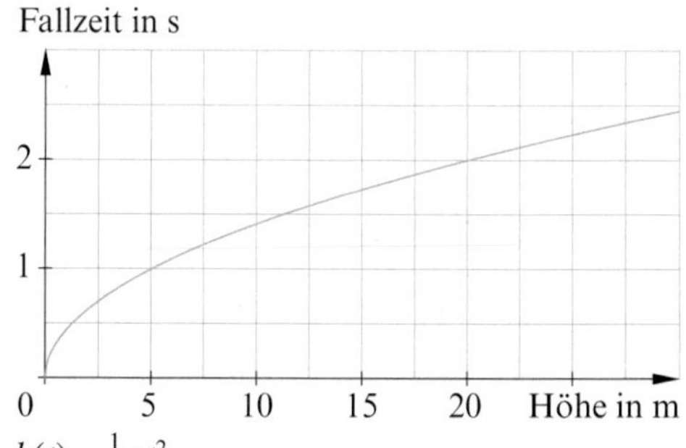

d) $h(t) = \frac{1}{2}gt^2$

SEITE 30

TEST ZU DEN GRUNDFERTIGKEITEN

	A	B	C	D
1		×	×	×
2	×			
3 a			×	×
3 b		×	×	
4	×			
5	$\cos\gamma = \frac{a^2+b^2-c^2}{2ab}$			
6	×			×
7	×	×		
8	×	×		
9	×		×	
10				×

11

α in Grad	45	135	18,91	−91,67
α in rad	$\frac{\pi}{4}$ ≈ 0,79	$\frac{3}{4}\pi$ ≈ 2,36	0,33	−1,6

SEITE 31

AUFGABEN ZUM TRAINIEREN

1 a)

x in Grad	0	45	90	135	180	270	360
$\sin x$	0	0,71	1	0,71	0	−1	0

x in rad	0	$\frac{\pi}{4}$	$\frac{\pi}{2}$	$\frac{3}{4}\pi$	π	$\frac{3}{2}\pi$	2π
$\cos x$	1	0,71	0	−0,71	−1	0	1

(Werte auf zwei Dezimalstellen gerundet)

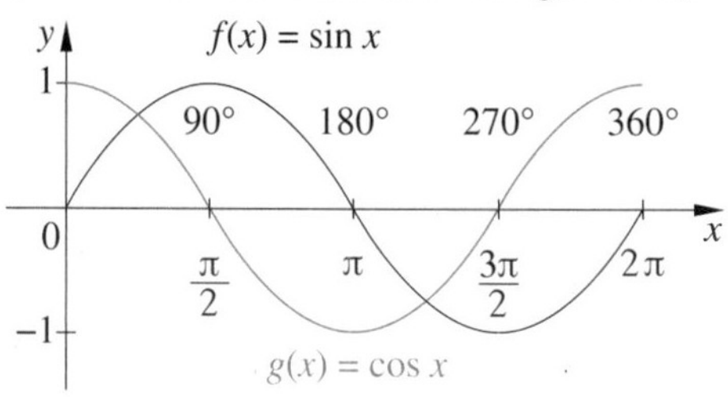

b) Nullstellen von f: $x_1 = 0°$; $x_2 = 180°$; $x_3 = 360°$
Nullstellen von g: $x_1 = 90°$; $x_2 = 270°$

c) Wertebereich von f und g: $y \in \mathbb{R}$; $-1 \le y \le 1$
Definitionsbereich von f und g: $x \in \mathbb{R}$

d) Beide Funktionen sind periodisch mit der kleinsten Periode 360° bzw. 2π.

e) $S(\frac{5}{4}\pi \mid -\frac{1}{2}\sqrt{2})$ bzw. $S(3{,}93 \mid -0{,}71)$

f)
- Der Graph von f_1 geht aus dem Graphen von f durch Streckung mit dem Faktor 2 in y-Richtung hervor. Die Nullstellen sind −180°, 0° und 180°. Der Wertebereich umfasst alle $y \in \mathbb{R}$ mit $-2 \le y \le 2$. Ein Maximum liegt bei $x = 90°$, ein Minimum bei $x = -90°$.
- Der Graph von f_2 geht aus dem Graphen von f durch Stauchung mit dem Faktor $\frac{1}{2}$ in y-Richtung und durch Spiegelung an der x-Achse hervor. Die Nullstellen sind −180°, 0° und 180°. Der Wertebereich umfasst alle $y \in \mathbb{R}$ mit $-\frac{1}{2} \le y \le \frac{1}{2}$. Ein Maximum liegt bei $x = -90°$, ein Minimum bei $x = 90°$.
- Der Graph von f_3 geht aus dem Graphen von f durch Verschiebung um 2 Längeneinheiten nach oben hervor. Der Wertebereich umfasst alle $y \in \mathbb{R}$ mit $1 \le y \le 3$. Ein Maximum liegt bei $x = 90°$, ein Minimum bei $x = -90°$.
- Der Graph von f_4 geht aus dem Graphen von g durch Streckung mit dem Faktor 2 in y-Richtung und durch Spiegelung an der x-Achse hervor. Die Nullstellen sind −90° und 90°. Der Wertebereich umfasst alle $y \in \mathbb{R}$ mit $-2 \le y \le 2$. Maxima liegen bei $x = -180°$ und $x = 180°$, ein Minimum liegt bei $x = 0°$.
- Der Graph von f_5 geht aus dem Graphen von f durch Stauchung mit dem Faktor 2 in x-Richtung hervor. Die Funktion ist periodisch mit der Periode 180°. Die Nullstellen sind −180°, −90°, 0°, 90° und 180°. Der Wertebereich umfasst alle $y \in \mathbb{R}$ mit $-1 \le y \le 1$. Maxima liegen bei $x = -135°$ und $x = 45°$, Minima bei $x = -45°$ und $x = 135°$.
- Der Graph von f_6 geht aus dem Graphen von g durch Stauchung mit dem Faktor 0,5 in y-Richtung und Stauchung mit dem Faktor 2 in x-Richtung hervor. Die Funktion ist periodisch mit der Periode 180°. Die Nulltellen sind −135°, −45°, 45° und 135°. Der Wertebereich umfasst alle $y \in \mathbb{R}$ mit $-0{,}5 \le y \le 0{,}5$. Maxima liegen bei $x = -180°$, $x = 0°$ und $x = 180°$, Minima bei $x = -90°$ und $x = 90°$.

2 a) $\sin(180° - x) = \sin x$ $\quad$ $\sin(360° + x) = \sin x$
$x \approx -36{,}9°$ $\quad$ $x_1 \approx 180° - (-36{,}9°) = 216{,}9°$
$x_2 \approx 360° + (-36{,}9°) = 323{,}1$

b) $x_1 \approx 23{,}6°$ $\quad$ $x_2 \approx 180° - 23{,}6° = 156{,}4°$

c) $\cos(360° - x) = \cos x$
$x_1 \approx 101{,}5°$ $\quad$ $x_2 \approx 360° - 101{,}5° = 258{,}5°$

d) $x_1 \approx 45{,}6°$ $\quad$ $x_2 \approx 360° - 45{,}6° = 314{,}4°$

e) $\tan(180° + x) = \tan x$

$x \approx -16{,}7°$ $\quad x_1 \approx 180° + (-16{,}7°) = 163{,}3°$

$x_2 \approx 180° + 163{,}3° = 343{,}3°$

f) $x_1 \approx 80{,}2°$ $\quad x_2 \approx 180° + 80{,}2° = 260{,}2°$

g) keine Lösung

h) keine Lösung

3 a) (1) Satz des Pythagoras: $c^2 = a^2 + b^2$

$c = \sqrt{a^2 + b^2} = \sqrt{(6\text{ cm})^2 + (8\text{ cm})^2} = 10\text{ cm}$

$\tan\alpha = \frac{a}{b} = \frac{6\text{ cm}}{8\text{ cm}} = 0{,}75$ $\quad \alpha \approx 36{,}9°$

$\beta = 90° - \alpha \approx 90° - 36{,}9° = 53{,}1°$

(2) Satz des Pythagoras: $c^2 = a^2 + b^2$

$b = \sqrt{c^2 - a^2} = \sqrt{(9\text{ mm})^2 - (7\text{ mm})^2}$

$b \approx 5{,}66\text{ mm}$

$\sin\alpha = \frac{a}{c} = \frac{7\text{ mm}}{9\text{ mm}} \approx 0{,}778$ $\quad \alpha \approx 51{,}1°$

$\beta = 90° - \alpha \approx 90° - 51{,}1° = 38{,}9°$

(3) $\beta = 90° - \alpha = 90° - 35° = 55°$

$\sin\alpha = \frac{a}{c}$

$a = c \cdot \sin\alpha = 12\text{ m} \cdot \sin 35° \approx 6{,}88\text{ m}$

$\cos\alpha = \frac{b}{c}$

$b = c \cdot \cos\alpha = 12\text{ m} \cdot \cos 35° \approx 9{,}83\text{ m}$

(4) $\alpha = 90° - \beta = 90° - 65° = 25°$

$\tan\beta = \frac{b}{a}$ $\quad a = \frac{b}{\tan\beta} = \frac{7\text{ km}}{\tan 65°} \approx 3{,}26\text{ km}$

$\sin\beta = \frac{b}{c}$ $\quad c = \frac{b}{\sin\beta} = \frac{7\text{ km}}{\sin 65°} \approx 7{,}72\text{ km}$

b) (1) Kosinussatz: $c^2 = a^2 + b^2 - 2ab \cdot \cos\gamma$

$c^2 = (6\text{ cm})^2 + (8\text{ cm})^2 -$
$2 \cdot 6\text{ cm} \cdot 8\text{ cm} \cdot \cos 50°$

$c^2 \approx 38{,}3\text{ cm}^2$

$c \approx \sqrt{(38{,}3\text{ cm})^2} \approx 6{,}19\text{ cm}$

Sinussatz: $\frac{a}{\sin\alpha} = \frac{c}{\sin\gamma}$ $\quad \sin\alpha = a \cdot \frac{\sin\gamma}{c}$

$\sin\alpha \approx 6\text{ cm} \cdot \frac{\sin 50°}{6{,}19\text{ cm}} \approx 0{,}743$ $\quad \alpha \approx 48{,}0°$

$\beta \approx 180° - 48{,}0° - 50° = 82{,}0°$

(2) Sinussatz: $\frac{a}{\sin\alpha} = \frac{c}{\sin\gamma}$

$\sin\gamma = c \cdot \frac{\sin\alpha}{a} = 9\text{ mm} \cdot \frac{\sin 40°}{7\text{ mm}} \approx 0{,}826$

γ kann spitz oder stumpf sein.

$\gamma_1 \approx 55{,}7°$

$\gamma_2 \approx 180° - 55{,}7° = 124{,}3°$

$\beta_1 \approx 180° - 40° - 55{,}7° = 84{,}3°$

$\beta_2 \approx 180° - 40° - 124{,}3 = 15{,}7°$

Sinussatz: $\frac{a}{\sin\alpha} = \frac{b}{\sin\beta}$ $\quad b = \sin\beta \cdot \frac{a}{\sin\alpha}$

$b_1 \approx \sin 84{,}3° \cdot \frac{7\text{ mm}}{\sin 40°} \approx 10{,}84\text{ mm}$

$b_2 \approx \sin 15{,}7° \cdot \frac{7\text{ mm}}{\sin 40°} \approx 2{,}95\text{ mm}$

(3) $\gamma = 180° - 35° - 60° = 85°$

Sinussatz: $\frac{a}{\sin\alpha} = \frac{c}{\sin\gamma}$

$a = \sin\alpha \cdot \frac{c}{\sin\gamma} = \sin 35° \cdot \frac{12\text{ m}}{\sin 85°} \approx 6{,}91\text{ m}$

Sinussatz: $\frac{b}{\sin\beta} = \frac{c}{\sin\gamma}$

$b = \sin\beta \cdot \frac{c}{\sin\gamma} = \sin 60° \cdot \frac{12\text{ m}}{\sin 85°} \approx 10{,}43\text{ m}$

(4) $\alpha = 180° - 65° - 36° = 79°$

Sinussatz: $\frac{a}{\sin\alpha} = \frac{b}{\sin\beta}$

$a = \sin\alpha \cdot \frac{b}{\sin\beta} = \sin 79° \cdot \frac{7\text{ km}}{\sin 65°} \approx 7{,}58\text{ km}$

Sinussatz: $\frac{c}{\sin\gamma} = \frac{b}{\sin\beta}$

$c = \sin\gamma \cdot \frac{b}{\sin\beta} = \sin 36° \cdot \frac{7\text{ km}}{\sin 65°} \approx 4{,}54\text{ km}$

4 a) Schnittpunkt der Höhen: $H(-6{,}67 \mid 6)$

Schnittpunkt der Mittelsenkrechten: $M(0{,}33 \mid 3)$

Schnittpunkt der Seitenhalbierenden: $S(-2 \mid 4)$

Schnittpunkt der Winkelhalbierenden:
$W(-5{,}10 \mid 3{,}24)$

b) Schwerpunkt (entspricht dem Schnittpunkt der Seitenhalbierenden): $S(-2 \mid 4)$

Mittelpunkt des Umkreises (entspricht dem Schnittpunkt der Mittelsenkrechten):
$M(0{,}33 \mid 3)$

Mittelpunkt des Inkreises (entspricht dem Schnittpunkt der Winkelhalbierenden):
$W(-5{,}10 \mid 3{,}24)$

c) $A = \frac{1}{2}\overline{AC} \cdot h_b = \frac{1}{2} \cdot 2\text{ LE} \cdot 12\text{ LE} = 12\text{ FE}$

Nach dem Satz des Pythagoras gilt:

$\overline{AB}^2 = (12\text{ LE})^2 + (2\text{ LE})^2$

$\overline{AB} = \sqrt{(12\text{ LE})^2 + (2\text{ LE})^2} \approx 12{,}17\text{ LE}$

$\overline{BC}^2 = (12\text{ LE})^2 + (4\text{ LE})^2$

$\overline{BC} = \sqrt{(12\text{ LE})^2 + (4\text{ LE})^2} \approx 12{,}65\text{ LE}$

$u = \overline{AC} + \overline{AB} + \overline{BC}$

$u \approx 2\text{ LE} + 12{,}17\text{ LE} + 12{,}65\text{ LE} \approx 26{,}8\text{ LE}$

5 a) Nach dem Satz des Thales sind $\sphericalangle ACB$ und $\sphericalangle ADB$ rechte Winkel.

$\beta = 90° - \alpha = 90° - 30° = 60°$

Für den Scheitelwinkel γ' von γ gilt:

$\gamma' = 180° - 30° - 30° = 120°$ $\quad \gamma = 120°$

$\delta = 180° - \gamma = 180° - 120° = 60°$

b) Wegen $\overline{MB} = \overline{MC}$ gilt: $\sphericalangle MCB = \beta = 60°$

Das Dreieck *MBC* ist gleichseitig.

Analog ist das Dreieck *AMD* gleichseitig.

Folglich gilt: $\sphericalangle CMD = 180° - 60° - 60° = 60°$

Auch das Dreieck *MCD* ist gleichseitig.

$\overline{CD} = \overline{MC} = 4{,}5\text{ cm}$

c) $u = \overline{AB} + \overline{BC} + \overline{CD} + \overline{DA}$

$u = 9\text{ cm} + 4{,}5\text{ cm} + 4{,}5\text{ cm} + 4{,}5\text{ cm}$

$u = 22{,}5\text{ cm}$

h: Trapezhöhe $\quad \sin\beta = \frac{h}{\overline{BC}}$

$h = \overline{BC} \cdot \sin\beta = 4{,}5\text{ cm} \cdot \sin 60° \approx 3{,}90\text{ cm}$

$A = \frac{1}{2}(\overline{AB} + \overline{CD}) \cdot h$

$A \approx \frac{1}{2} \cdot (9\text{ cm} + 4{,}5\text{ cm}) \cdot 3{,}90\text{ cm} \approx 26{,}3\text{ cm}^2$

d) $\sphericalangle ASB = \sphericalangle CSD$ (Scheitelwinkel)

$\sphericalangle BAS = \sphericalangle DCS$ (kongruente Wechselwinkel)

Die Dreiecke *ABS* und *CDS* sind ähnlich nach dem Hauptähnlichkeitssatz.

$\sphericalangle DSA = \sphericalangle BSC$ (Scheitelwinkel)

$\sphericalangle ADS = \sphericalangle SCB$ (rechte Winkel)

Die Dreiecke *ASD* und *BCS* sind ähnlich nach dem Hauptähnlichkeitssatz.

e) Konstruktion:

Zeichne $\overline{AB} = 9$ cm. Zeichne einen Kreis k um den Mittelpunkt von $\overline{AB}$ mit dem Radius 4,5 cm. Trage an $\overline{AB}$ in A den Winkel $\alpha = 30°$ an. Der freie Schenkel von α schneidet k in C. Zeichne eine Parallele zu $\overline{AB}$ durch C. Der zweite Schnittpunkt der Parallelen mit k ist D.

SEITE 32

6 a) α: Neigungswinkel
$\tan\alpha = \frac{5\text{ m}}{2\text{ m}} = 2{,}5$ $\qquad \alpha \approx 68{,}2°$
Der Neigungswinkel muss ca. 68,2° betragen.

b) e: Entfernung $\qquad \tan 52° = \frac{e}{2\text{ m}}$
$e = 2\text{ m} \cdot \tan 52° \approx 2{,}56\text{ m}$
Die Lampe geht bei einer Entfernung von ca. 2,56 m an.

c) e: Entfernung $\qquad \tan 52° = \frac{e}{1{,}80\text{ m}}$
$e = 1{,}80\text{ m} \cdot \tan 52° \approx 2{,}30\text{ m}$
Die Lampe geht bei einer Entfernung von ca. 2,30 m an.

7 a) Maßstab 1 : 50

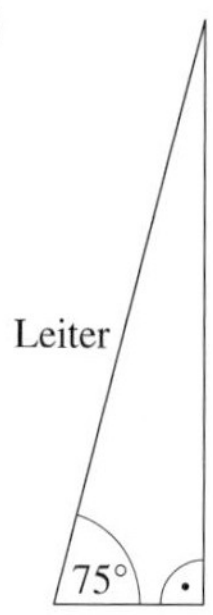

$\sin 75° = \frac{h}{2\text{ m}}$ $\qquad h = 2\text{ m} \cdot \sin 75° \approx 1{,}93\text{ m}$
Die Leiter reicht bis zu einer Höhe von ca. 1,93 m.

b) α: Anstiegswinkel
$\tan\alpha = \frac{12\text{ m}}{100\text{ m}} = 0{,}12$ $\qquad \alpha \approx 6{,}84°$
Der Anstiegswinkel beträgt ca. 6,84°.

c) Maßstab: 1 : 10 000

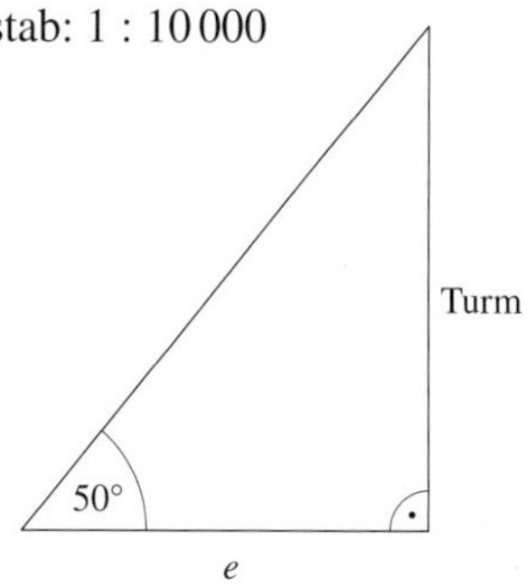

$\tan 50° = \frac{370\text{ m}}{e}$ $\qquad e = \frac{370\text{ m}}{\tan 50°} \approx 310\text{ m}$
In einer Entfernung von ca. 310 m erscheint der Turm unter einem Höhenwinkel von 50°.

d) Fahrtstrecke: $s = v \cdot t = 2\,\frac{\text{m}}{\text{s}} \cdot 600\text{ s} = 1200\text{ m}$.
Die Seilbahn legt 1200 m zurück.
h: Höhenunterschied $\qquad \sin 20° = \frac{h}{s}$
$h = s \cdot \sin 20° = 1200\text{ m} \cdot \sin 20° \approx 410\text{ m}$
Die Seilbahn überwindet einen Höhenunterschied von ca. 400 m.

e) d: Diagonale des Rechtecks
$d^2 = (130\text{ cm})^2 + (85\text{ cm})^2$
$d = \sqrt{(130\text{ cm})^2 + (85\text{ cm})^2} \approx 155\text{ cm}$
Da die Diagonale des Rechtecks länger ist als der Durchmesser des Tischtuches, lässt sich ein solches Rechteck nicht aus dem Tischtuch herausschneiden.

f) h: Höhe des Hakens über der Bildoberkante
$\left(\frac{1{,}40\text{ m}}{2}\right)^2 = h^2 + \left(\frac{1{,}20\text{ m}}{2}\right)^2$
$h = \sqrt{\left(\frac{1{,}40\text{ m}}{2}\right)^2 - \left(\frac{1{,}20\text{ m}}{2}\right)^2} \approx 0{,}36\text{ m}$
Höhe über dem Fußboden:
$1{,}50\text{ m} + 0{,}50\text{ m} + 0{,}36\text{ m} = 2{,}36\text{ m}$
Frau Mayer muss den Haken ca. 2,36 m über dem Fußboden anbringen.

8 a) $A = \frac{1}{2} a h_S = \frac{1}{2} \cdot 50\text{ cm} \cdot 60\text{ cm} = 1500\text{ cm}^2$

b) $s^2 = \left(\frac{a}{2}\right)^2 + h_S^2$
$s = \sqrt{\left(\frac{a}{2}\right)^2 + h_S^2}$
$s = \sqrt{\left(\frac{50\text{ cm}}{2}\right)^2 + (60\text{ cm})^2} = 65\text{ cm}$

c) $h_S^2 = h^2 + \left(\frac{a}{2}\right)^2$ $\qquad h = \sqrt{h_S^2 - \left(\frac{a}{2}\right)^2}$
$h = \sqrt{(60\text{ cm})^2 - \left(\frac{50\text{ cm}}{2}\right)^2} \approx 54{,}5\text{ cm}$

d)

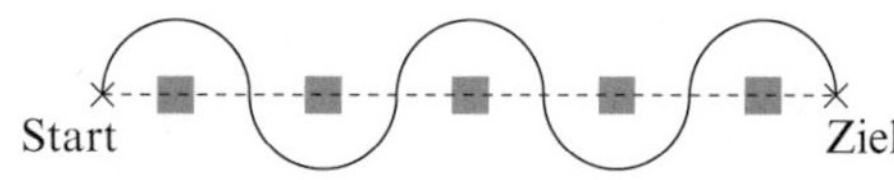

Die Schlängellinie besteht aus 5 Halbkreisen.
Radius der Halbkreise: $r = 1\text{ m}$
Kreisumfang: $u = 2\pi r$
Länge der Schlängellinie:
$5 \cdot \frac{1}{2} \cdot 2\pi r = 5\pi r = 5\pi \cdot 1\text{ m} \approx 15{,}7\text{ m}$
Die Schlängellinie ist ca. 15,7 m lang.

SEITE 33

9 a) Höhe, in der die Seile befestigt werden:
$h = \frac{2}{3} \cdot 33\text{ m} = 22\text{ m}$
s: Länge eines Seiles
$s^2 = h^2 + (10\text{ m})^2$ $\qquad s = \sqrt{h^2 + (10\text{ m})^2}$
$s = \sqrt{(22\text{ m})^2 + (10\text{ m})^2} \approx 24{,}17\text{ m}$
Ein Seil ist ca. 24,2 m lang.
Länge von vier Seilen: $4 \cdot 24{,}17\text{ m} = 96{,}68\text{ m}$
Die Gesamtlänge der Seile beträgt ca. 97,7 m.

b) zusätzliche Seillänge:
$W = p \cdot \frac{G}{100} \approx 5 \cdot \frac{96{,}68\text{ m}}{100} \approx 4{,}83\text{ m}$
Gesamtlänge: $96{,}68\text{ m} + 4{,}83\text{ m} = 101{,}51\text{ m}$
Es müssen ca. 101,5 m Seil gekauft werden.

c) Diagonale des Quadrats: $e = 2 \cdot 10\text{ m} = 20\text{ m}$
a: Seitenlänge $\qquad e = a\sqrt{2} \qquad a = \frac{e}{\sqrt{2}}$
Fläche: $A = a^2 = \left(\frac{e}{\sqrt{2}}\right)^2 = \left(\frac{20\text{ m}}{\sqrt{2}}\right)^2 = 200\text{ m}^2$
Für 200 m² muss Grassamen gekauft werden.

10 a) $\overline{EC}^2 = (1{,}8\text{ km})^2 + (2{,}5\text{ km})^2$

$\overline{EC} = \sqrt{(1{,}8\text{ km})^2 + (2{,}5\text{ km})^2} \approx 3{,}08\text{ km}$

$\overline{AC} \approx 0{,}8\text{ km} + 3{,}08\text{ km} = 3{,}88\text{ km}$

δ sei Winkel bei C zwischen $\overline{EC}$ und der 2,5 km langen Strecke.

$\tan\delta = \frac{1{,}8\text{ km}}{2{,}5\text{ km}} = 0{,}72 \qquad \delta \approx 35{,}8°$

B sei der Punkt der Richtungsänderung des Weges rechts unten in der Zeichnung.

γ sei der Winkel bei C zwischen $\overline{EC}$ und der 3,3 km langen Strecke $\overline{BC}$.

$\gamma = 180° - 120° - \delta \approx 24{,}2°$

$\overline{AB}^2 = \overline{AC}^2 + \overline{BC}^2 - 2 \cdot \overline{AC} \cdot \overline{BC} \cdot \cos\gamma$

$\overline{AB}^2 \approx (3{,}88\text{ km})^2 + (3{,}3\text{ km})^2 - 2 \cdot 3{,}88\text{ km} \cdot 3{,}3\text{ km} \cdot \cos 24{,}2°$

$\overline{AB}^2 \approx 2{,}59\text{ km}^2$

$\overline{AB} \approx \sqrt{2{,}59\text{ km}^2} \approx 1{,}61\text{ km}$

Weg über B: 1,61 km + 3,3 km = 4,91 km

Weg über E:
0,8 km + 1,8 km + 2,5 km = 5,1 km

Der Weg über B ist mit ca. 4,9 km kürzer als der andere Weg über E mit 5,1 km.

b) Rundweg: $s \approx 5{,}1\text{ km} + 4{,}9\text{ km} = 10\text{ km}$

$v = \frac{s}{t} \qquad t = \frac{s}{v} \approx \frac{10\text{ km}}{4\frac{\text{km}}{\text{h}}} = 2{,}5\text{ h}$

Eine Wanderung um den See würde etwa 2,5 Stunden dauern.

11 a) Nebenwinkel von β: $\beta' = 180° - 25° = 155°$

Winkel bei der Nisthöhle im linken Dreieck:
$\gamma = 180° - \alpha - \beta' = 180° - 15° - 155° = 10°$

Sinussatz: $\frac{y}{\sin\alpha} = \frac{x}{\sin\gamma}$

$y = \frac{x}{\sin\gamma} \cdot \sin\alpha = \frac{10\text{ m}}{\sin 10°} \cdot \sin 15° \approx 14{,}90\text{ m}$

h: Höhe der Nisthöhle über dem Erdboden

$\sin\beta = \frac{h}{y}$

$h = y \cdot \sin\beta \approx 14{,}90\text{ m} \cdot \sin 25° \approx 6{,}30\text{ m}$

Die Nisthöhle befindet sich ca. 6,30 m über dem Erdboden.

b) d: Entfernung von Burkhard zum Baumstamm bei der ersten Messung

$\tan\alpha = \frac{h}{d} \qquad d = \frac{h}{\tan\alpha} \approx \frac{6{,}30\text{ m}}{\tan 15°} \approx 23{,}51\text{ m}$

Burkhard war bei seiner ersten Messung ca. 23,51 m vom Baumstamm entfernt.

12 a) Fläche des Dreiecks BCD:

$A = \frac{1}{2}\,\overline{BC} \cdot \overline{CD} \cdot \sin\gamma$

$A = \frac{1}{2} \cdot 25{,}5\text{ m} \cdot 32\text{ m} \cdot \sin 110° \approx 383\text{ m}^2$

$\overline{BD}^2 = \overline{BC}^2 + \overline{CD}^2 - 2 \cdot \overline{BC} \cdot \overline{CD} \cdot \cos\gamma$

$\overline{BD}^2 = (25{,}5\text{ m})^2 + (32\text{ m})^2 - 2 \cdot 25{,}5\text{ m} \cdot 32\text{ m} \cdot \cos 110°$

$\overline{BD}^2 \approx 2232\text{ m}^2$

$\overline{BD} \approx \sqrt{2232\text{ m}^2} \approx 47{,}2\text{ m}$

$\overline{BD}^2 = \overline{AB}^2 + \overline{AD}^2 - 2 \cdot \overline{AB} \cdot \overline{AD} \cdot \cos\alpha$

$\cos\alpha = \frac{\overline{AB}^2 + \overline{AD}^2 - \overline{BD}^2}{2 \cdot \overline{AB} \cdot \overline{BD}}$

$\cos\alpha \approx \frac{(29\text{m})^2 + (35\text{m})^2 - (47{,}2\text{m})^2}{2 \cdot (29\text{m}) \cdot (35\text{m})} \approx -0{,}080$

$\alpha \approx 94{,}6°$

Fläche des Dreiecks ABD:

$A = \frac{1}{2}\,\overline{AB} \cdot \overline{AD} \cdot \sin\alpha$

$A \approx \frac{1}{2} \cdot 29\text{ m} \cdot 35\text{ m} \cdot \sin 94{,}6° \approx 506\text{ m}^2$

Gesamtfläche: $383\text{ m}^2 + 506\text{ m}^2 = 889\text{ m}^2$

Das Grundstück hat eine Fläche von ca. 889 m².

b) Kaufpreis: 889 · 65 € = 57 785 €

Der Kaufpreis beträgt ca. 57 800 €.

Seite 34

Test zu den Grundfertigkeiten

	A	B	C	D
1	×	×	×	×
2				×
3		×		
4				×
5		×	×	
6				×
7			×	
8			×	
9		×		
10	×			

Seite 35

Aufgaben zum Trainieren

1 a) Konstruktion:
Zeichne $\overline{BC} = 7{,}5$ cm. Zeichne eine Senkrechte s zu $\overline{BC}$ in B. Der Kreis um C mit dem Radius $\overline{AC} = 12{,}5$ cm schneidet s in A. Zeichne eine Senkrechte zu $\overline{AB}$ in A und eine Senkrechte zu $\overline{BC}$ in C. Der Schnittpunkt der beiden Senkrechten ist D.

b) $\overline{AC}^2 = \overline{AB}^2 + \overline{BC}^2 \qquad \overline{AB} = \sqrt{\overline{AC}^2 - \overline{BC}^2}$
$\overline{AB} = \sqrt{(125\text{ m})^2 - (75\text{ m})^2} = 100$ m

c) Umfang: $u = 2\overline{AB} + 2\overline{BC}$
$u = 2 \cdot 100\text{ m} + 2 \cdot 75\text{ m} = 350$ m
Anzahl der Zaunpfähle: 350 m : 5 m = 70
Es sind 70 Zaunpfähle zu setzen.

d) $A = \overline{AB} \cdot \overline{BC} = 100\text{ m} \cdot 75\text{ m} = 7500\text{ m}^2$
Der rechteckige Sportplatz ist 7500 m² groß.

e) Quadrat: $A = a^2$
$a = \sqrt{A} = \sqrt{7500\text{ m}^2} \approx 86{,}6$ m
Die Seitenlänge beträgt ca. 86,6 m.

2 a) Seitenlänge eines Quadrats:
$a = 7{,}35\text{ m} : 7 = 5{,}25\text{ m} : 5 = 1{,}05$ m
Kaminlänge: $2 \cdot 1{,}05\text{ m} = 2{,}10$ m
Die Kaminfläche ist 2,10 m lang und 1,05 m breit.

b) Kamin: $A = 2{,}10\text{ m} \cdot 1{,}05\text{ m} = 2{,}205\text{ m}^2$
Terrasse:
$A = (3 \cdot 1{,}05\text{ m}) \cdot (2 \cdot 1{,}05\text{ m}) = 6{,}615\text{ m}^2$
Die Terrassenfläche ist ca. 6,62 m², die Kaminfläche ca. 2,21 m² groß.

c) $A = 27a^2 = 27 \cdot (1{,}05\text{ m})^2 \approx 29{,}77\text{ m}^2$

d) Fläche einer Fliese: $A = (0{,}35\text{ m})^2$
Fliesen pro Quadrat: $(1{,}05\text{ m})^2 : (0{,}35\text{ m})^2 = 9$
Fliesen gesamt: $27 \cdot 9 = 243$
Es werden mindestens 243 Fliesen benötigt.

e) $29{,}77 \cdot 36{,}50\text{ €} \approx 1086{,}61$ €
Die Kosten betragen mindestens ca. 1087 €.

3 a) Konstruktion:
Zeichne $\overline{AB} = 6{,}4$ cm. Trage an $\overline{AB}$ in A den Winkel $\alpha = 62°$ an. Trage auf dem freien Schenkel von α die Strecke $\overline{AD} = 4{,}2$ cm ab. Zeichne eine Parallele zu $\overline{AB}$ durch D und eine Parallele zu $\overline{AD}$ durch B. Der Schnittpunkt der beiden Parallelen ist C.

b) $A = ab \cdot \sin\alpha$
$A = 6{,}4\text{ cm} \cdot 4{,}2\text{ cm} \cdot \sin 62° \approx 23{,}7\text{ cm}^2$
$A \approx 0{,}237\text{ dm}^2$

c) $u = 2a + 2b = 2 \cdot 6{,}4\text{ cm} + 2 \cdot 4{,}2\text{ cm} = 21{,}2$ cm
$u = 2{,}12$ dm

d) Scheitelwinkelpaare: $\varepsilon_1 = \varepsilon_3 \qquad \varepsilon_2 = \varepsilon_4$
Nebenwinkelpaare: ε_1 und $\varepsilon_2 \qquad \varepsilon_2$ und ε_3
ε_3 und $\varepsilon_4 \qquad \varepsilon_4$ und ε_1
Wechselwinkelpaare: $\alpha_1 = \gamma_1 \qquad \alpha_2 = \gamma_2$
$\beta_1 = \delta_1 \qquad \beta_2 = \delta_2$

e) Scheitelwinkelpaare sind gleich groß.
Wechselwinkelpaare an geschnittenen Parallelen sind gleich groß.

f) Nebenwinkelpaare ergeben zusammen 180°.

g) $\gamma_1 = 180° - \alpha_2 - (\beta_1 + \beta_2)$
$\varepsilon_2 = 180° - \alpha_2 - \beta_1 \qquad \varepsilon_1 = 180° - \varepsilon_2$
$\alpha_2 = \gamma_2 = 20° \qquad \beta_1 = \delta_1 = 50°$
$\beta_2 = \delta_2 = 80° \qquad \alpha_1 = \gamma_1 = 30°$
$\varepsilon_2 = \varepsilon_4 = 110° \qquad \varepsilon_1 = \varepsilon_3 = 70°$
$\alpha = \gamma = 30° + 20° = 50°$
$\beta = \delta = 50° + 80° = 130°$

h) Die Seiten $\overline{AD}$ und $\overline{BC}$ sind als gegenüberliegende Seiten im Parallelogramm gleich lang.
Die Winkel α_1 und γ_1 sind als Wechselwinkel an geschnittenen Parallelen gleich groß.
Die Winkel δ_2 und β_2 sind als Wechselwinkel an geschnittenen Parallelen gleich groß.
Folglich sind nach dem Kongruenzsatz (wsw) die Dreiecke AMD und BCM kongruent.

4 a) Ein geeigneter Maßstab ist z. B. 1 : 10.

b) Die Höhe h beträgt in Wirklichkeit ca. 137 cm. Bei einer Zeichnung im Maßstab 1 : 10 ergibt sich dies aus einer gemessenen Höhe des Rohrstapels von 13,7 cm.

c) Außendurchmesser: $d = 5$ dm
Die Mittelpunkte der Kreise oben, links unten und rechts unten bilden ein gleichseitiges Dreieck mit Seitenlänge a und Höhe h_a.
$a = 2d \qquad h_a = \frac{a}{2}\sqrt{3} = \sqrt{3}\,d$
$h = h_a + 2 \cdot \frac{d}{2} = \sqrt{3}\,d + d = (\sqrt{3} + 1) \cdot d$
$h = (\sqrt{3} + 1) \cdot 5 \text{ dm} \approx 13{,}7 \text{ dm}$
Der Rohrstapel ist ca. 13,7 dm hoch.

d) $d = \frac{h}{\sqrt{3}+1} = \frac{1{,}23 \text{ m}}{\sqrt{3}+1} \approx 0{,}45 \text{ m}$
Der Durchmesser der Rohre beträgt ca. 45 cm.

Seite 36

5 a) gemessener Abstand: 5,6 cm
Abstand in der Realität:
$5{,}6 \text{ cm} \cdot 2\,000\,000 = 112 \text{ km}$
Die Entfernung zwischen Potsdam und Cottbus beträgt etwa 110 km.

b) Man kann in die Karte ein Gitter einzeichnen und alle Kästchen zählen, die zu mehr als der Hälfte zu Berlin bzw. zu Brandenburg gehören. Für Berlin ist z. B. ein Gitterabstand von 2 mm (ein Kästchen entspricht einem Flächeninhalt von 16 km²), für Brandenburg ein Gitterabstand von 5 mm (ein Kästchen entspricht einem Flächeninhalt von 100 km²) geeignet. Die Fläche von Berlin ist 892 km², die Fläche von Brandenburg 29 479 km² groß.

6 b) Radius: $r = 5$ cm
Quadrat: $A = a^2$ Kreis: $A = \pi r^2$
(1) Die blaue Fläche ist die Quadratfläche ohne die beiden Halbkreisflächen.
$A = a^2 - 2 \cdot \frac{1}{2}\pi r^2 = a^2 - \pi r^2$
$A = (10 \text{ cm})^2 - \pi \cdot (5 \text{ cm})^2 \approx 21{,}5 \text{ cm}^2$
(2) obere Hälfte: $A = \frac{1}{2}a^2 - 2 \cdot \frac{1}{4}\pi r^2$
untere Hälfte: $A = \frac{1}{2}\pi r^2$
gesamt: $A = \frac{1}{2}a^2 = \frac{1}{2} \cdot (10 \text{ cm})^2 = 50 \text{ cm}^2$
(3) $A = a^2 - 4 \cdot \frac{1}{4}\pi r^2 = a^2 - \pi r^2$
$A = (10 \text{ cm})^2 - \pi \cdot (5 \text{ cm})^2 \approx 21{,}5 \text{ cm}^2$

c) Kreis: $u = \pi d$
(1) $u = 2a + 2 \cdot \frac{1}{2}\pi d = 2a + \pi d$
$u = 2 \cdot 10 \text{ cm} + \pi \cdot 10 \text{ cm} \approx 51{,}4 \text{ cm}$
(3) $u = 4 \cdot \frac{1}{4}\pi d = \pi d = \pi \cdot 10 \text{ cm} \approx 31{,}4 \text{ cm}$

d) $p = \frac{W}{G} \cdot 100$
Quadratfläche: $G = (10 \text{ cm})^2 = 100 \text{ cm}^2$
blau gefärbte Anteile:
(1) $\frac{21{,}5 \text{ cm}^2}{100 \text{ cm}^2} \cdot 100\,\% = 21{,}5\,\%$
(2) $\frac{50 \text{ cm}^2}{100 \text{ cm}^2} \cdot 100\,\% = 50\,\%$
(3) $\frac{21{,}5 \text{ cm}^2}{100 \text{ cm}^2} \cdot 100\,\% = 21{,}5\,\%$

7 a)

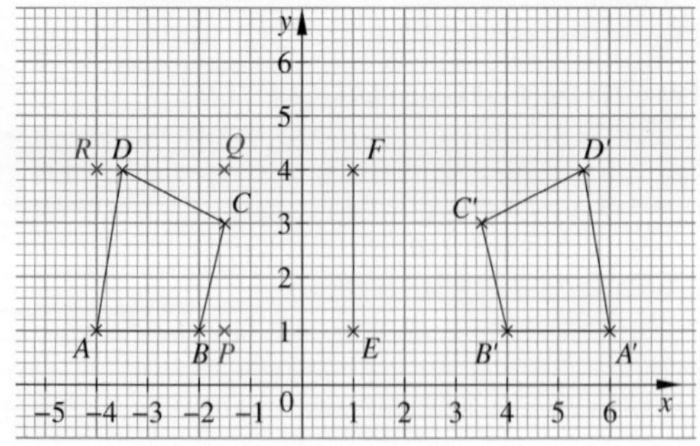

b) Zur Berechnung sind weitere Punkte hilfreich:
$P(-1{,}5\,|\,1)$; $Q(-1{,}5\,|\,4)$; $R(-4\,|\,4)$
$\overline{BC} = \sqrt{\overline{BP}^2 + \overline{CP}^2} = \sqrt{0{,}5^2 + 2^2} \approx 2{,}06$
$\overline{CD} = \sqrt{\overline{CQ}^2 + \overline{DQ}^2} = \sqrt{1^2 + 2^2} \approx 2{,}24$
$\overline{DA} = \sqrt{\overline{DR}^2 + \overline{AR}^2} = \sqrt{0{,}5^2 + 3^2} \approx 3{,}04$
$\overline{AB} = 2$
$u = \overline{BC} + \overline{CD} + \overline{DA} + \overline{AB}$
$u \approx 2{,}06 + 2{,}24 + 3{,}04 + 2 = 9{,}34$

c) Rechteck $PQRA$: $A = \overline{PQ} \cdot \overline{QR} = 3 \cdot 2{,}5 = 7{,}5$
Dreieck BPC: $A = \frac{1}{2}\overline{BP} \cdot \overline{CP} = \frac{1}{2} \cdot 0{,}5 \cdot 2 = 0{,}5$
Dreieck CQD: $A = \frac{1}{2}\overline{CQ} \cdot \overline{DQ} = \frac{1}{2} \cdot 1 \cdot 2 = 1$
Dreieck DRA: $A = \frac{1}{2}\overline{DR} \cdot \overline{AR} = \frac{1}{2} \cdot 0{,}5 \cdot 3 = 0{,}75$
Viereck $ABCD$:
$A = 7{,}5 - 0{,}5 - 1 - 0{,}75 = 5{,}25$

d) $A'(6\,|\,1)$; $B'(4\,|\,1)$; $C'(3{,}5\,|\,3)$; $D'(5{,}5\,|\,4)$
siehe auch a)

e) $A''(-10\,|\,1)$; $B''(-5\,|\,1)$; $C''(-3{,}75\,|\,6)$; $D''(-8{,}75\,|\,8{,}5)$

Seite 37

8 a) Ein geeigneter Maßstab ist z. B. 1 : 1000. Eine Flussbreite von 3,9 cm in der Zeichnung ergibt in Wirklichkeit eine Flussbreite von 39 m.

b) Nach dem 2. Strahlensatz gilt:
$\overline{BE} : \overline{AF} = \overline{EC} : \overline{FC}$
$\overline{BE} \cdot \overline{FC} = \overline{EC} \cdot \overline{AF}$
$\overline{BE} \cdot (\overline{FE} + \overline{EC}) = \overline{EC} \cdot \overline{AF}$
$\overline{BE} \cdot \overline{FE} = \overline{EC} \cdot \overline{AF} - \overline{EC} \cdot \overline{BE}$
$\overline{EC} = \frac{\overline{BE} \cdot \overline{FE}}{\overline{AF} - \overline{BE}}$
$\overline{EC} = \frac{30 \text{ m} \cdot 45 \text{ m}}{55 \text{ m} - 30 \text{ m}} = 54 \text{ m}$
$\overline{DC} = \overline{EC} - \overline{DE} = 54 \text{ m} - 15 \text{ m} = 39 \text{ m}$
Der Fluss ist 39 m breit.

9 a) A: $A = ah_a = 30 \text{ m} \cdot 40 \text{ m} = 1200 \text{ m}^2$
B: $A = \frac{1}{2}(a + c) \cdot h$
$A = \frac{1}{2} \cdot (20 \text{ m} + 30 \text{ m}) \cdot 40 \text{ m} = 1000 \text{ m}^2$
C: $A = ab = 35 \text{ m} \cdot 40 \text{ m} = 1400 \text{ m}^2$
D: $A = \frac{1}{2}(a + c) \cdot h$
$A = \frac{1}{2} \cdot (20 \text{ m} + 30 \text{ m}) \cdot 40 \text{ m} = 1000 \text{ m}^2$
E: $A = ab = 20 \text{ m} \cdot 40 \text{ m} = 800 \text{ m}^2$
F: $A = ab = 35 \text{ m} \cdot 40 \text{ m} = 1400 \text{ m}^2$

b) maximale Anzahl der Quadratmeter:
150 000 € : 130 € ≈ 1154
Familie Meier könnte sich Grundstück *B*, *D* oder *E* kaufen.

c) *b*: Länge der Seite zwischen *A* und *B*
$b^2 = (40\text{ m})^2 + (30\text{ m} - 20\text{ m})^2$
$b = \sqrt{(40\text{ m})^2 + (30\text{ m} - 20\text{ m})^2} \approx 41{,}23\text{ m}$
Umfang von Grundstück *A*: $u = 2\,(a + b)$
$u \approx 2 \cdot (30\text{ m} + 41{,}23\text{ m}) = 142{,}46\text{ m}$
Zaunlänge: 142,46 m – 3 m = 139,46 m
Es werden ca. 139 m Zaun benötigt.

d) $A = ab \qquad b = \frac{A}{a} = \frac{1400\text{ m}^2}{80\text{ m}} = 17{,}5\text{ m}$
Das Grundstück ist 17,5 m breit.

10 a) Gesamtfläche: $400\text{ m} \cdot 200\text{ m} = 80\,000\text{ m}^2$
Anteil der Erholungsfläche an der Gesamtfläche bei der alten Einteilung: $\frac{1}{4}$
Flächengröße: $\frac{1}{4} \cdot 80\,000\text{ m}^2 = 20\,000\text{ m}^2$
prozentualer Anteil: $p = \frac{W}{G} \cdot 100 = \frac{1}{4} \cdot 100 = 25$

alte Einteilung	Anteil	Fläche
Erholung	$\frac{1}{4} = 25\,\%$	$20\,000\text{ m}^2$
Industrie	$\frac{5}{16} = 31{,}25\,\%$	$25\,000\text{ m}^2$
Landwirtschaft	$\frac{7}{16} = 43{,}75\,\%$	$35\,000\text{ m}^2$

neue Einteilung	Anteil	Fläche
Erholung	$\frac{1}{4} = 25\,\%$	$20\,000\text{ m}^2$
Industrie	$\frac{1}{2} = 50\,\%$	$40\,000\text{ m}^2$
Landwirtschaft	$\frac{1}{4} = 25\,\%$	$20\,000\text{ m}^2$

b)
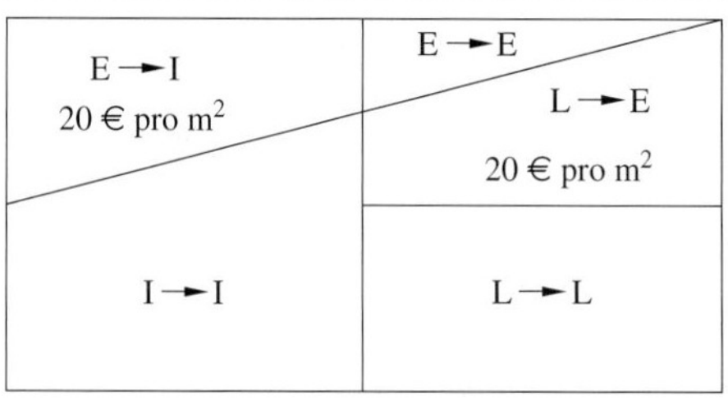

E: Erholungsfläche   I: Industriefläche
L: Landwirtschaftsfläche

c) Von der Gesamtfläche wird $\frac{1}{16}$ unverändert als Erholungsfläche genutzt, $\frac{5}{16}$ werden unverändert als Industriefläche und $\frac{1}{4}$ unverändert als Landwirtschaftsfläche genutzt.
Anteil insgesamt: $\frac{1}{16} + \frac{5}{16} + \frac{1}{4} = \frac{5}{8}$
Flächengröße: $\frac{5}{8} \cdot 80\,000\text{ m}^2 = 50\,000\text{ m}^2$
Auf einer Fläche von $50\,000\text{ m}^2$ gibt es keine Nutzungsänderung.

d) $\frac{3}{16} \cdot 80\,000\text{ m}^2 = 15\,000\text{ m}^2$
$15\,000\text{ m}^2$ werden von einer Erholungsfläche zu einer Industriefläche umgewandelt.

e) Fläche, die von Landwirtschaft zu Erholung umgewandelt wird: $\frac{3}{16} \cdot 80\,000\text{ m}^2 = 15\,000\text{ m}^2$

von \ zu	Erholung	Landwirtschaft	Industrie
Erholung	$5\,000\text{ m}^2$	–	$15\,000\text{ m}^2$
Landwirtschaft	$15\,000\text{ m}^2$	$20\,000\text{ m}^2$	–
Industrie	–	–	$25\,000\text{ m}^2$

f) $15\,000 \cdot 20\text{ €} + 15\,000 \cdot 20\text{ €} = 600\,000\text{ €}$
Die Neuordnung kostet 600 000 €.

g) Beispielsweise kann die Erholungsfläche unverändert gelassen werden und die $15\,000\text{ m}^2$, die von der Landwirtschaft zur Erholung umgewandelt werden sollten, werden nun zur Industrie umgewandelt. Dies kostet 225 000 €.

Seite 38

Test zu den Grundfertigkeiten

	A	B	C	D
1		×	×	×
2		×		×
3	×			
4		×		
5		×		×
6		×		
7				×
8	×			×
9				×
10	×			×

Seite 39

Aufgaben zum Trainieren

1 a) Höhe ohne Deckel: $c = 19\text{ cm} - 7\text{ cm} = 12\text{ cm}$

(1) $V = abc + \frac{1}{3}A_G h = abc + \frac{1}{3}abh$

$V = 10\text{ cm} \cdot 8\text{ cm} \cdot 12\text{ cm} + \frac{1}{3} \cdot 10\text{ cm} \cdot 8\text{ cm} \cdot 7\text{ cm} \approx 1147\text{ cm}^3$

(2) Radius: $r = 5\text{ cm}$

$V = \pi r^2 c + \frac{1}{3}\pi r^2 h$

$V = \pi \cdot (5\text{ cm})^2 \cdot 12\text{ cm} + \frac{1}{3}\pi \cdot (5\text{ cm})^2 \cdot 7\text{ cm} \approx 1126\text{ cm}^3$

Das Volumen beträgt bei Kekspackung (1) ca. 1147 cm^3 und bei Kekspackung (2) ca. 1126 cm^3.

b) Volumendifferenz:

$1147\text{ cm}^3 - 1126\text{ cm}^3 = 21\text{ cm}^3$

$p = \frac{W}{G} \cdot 100 \approx \frac{21\text{ cm}^3}{1126\text{ cm}^3} \cdot 100 \approx 1{,}9$

Das Volumen von Kekspackung (1) ist um ca. 1,9 % größer.

c) Würfel: $V = a^3$ $\quad a = \sqrt[3]{a}$

(1) $a \approx \sqrt[3]{1147\text{ cm}^3} \approx 10{,}5\text{ cm}$

(2) $a \approx \sqrt[3]{1126\text{ cm}^3} \approx 10{,}4\text{ cm}$

Die Kantenlänge einer würfelförmigen Verpackung mit gleich großem Volumen müsste bei Kekspackung (1) ca. 10,5 cm und bei Kekspackung (2) ca. 10,4 cm betragen.

d) (1) h_a, h_b: Seitenhöhen der Pyramide:

$h_a^2 = h^2 + (\frac{a}{2})^2 \quad h_a = \sqrt{h^2 + (\frac{a}{2})^2}$

$h_a = \sqrt{(7\text{ cm})^2 + (\frac{10\text{ cm}}{2})^2} \approx 8{,}602\text{ cm}$

$h_b^2 = h^2 + (\frac{b}{2})^2 \quad h_b = \sqrt{h^2 + (\frac{b}{2})^2}$

$h_b = \sqrt{(7\text{ cm})^2 + (\frac{8\text{ cm}}{2})^2} \approx 8{,}062\text{ cm}$

lackierte Fläche:

$A = 2ac + 2bc + 2 \cdot \frac{1}{2}ah_a + 2 \cdot \frac{1}{2}bh_b$

$A = 2ac + 2bc + ah_a + bh_b$

$A \approx 2 \cdot 10\text{ cm} \cdot 12\text{ cm} + 2 \cdot 8\text{ cm} \cdot 12\text{ cm} + 10\text{ cm} \cdot 8{,}602\text{ cm} + 8\text{ cm} \cdot 8{,}062\text{ cm}$

$A \approx 583\text{ cm}^2 = 0{,}0583\text{ m}^2$

Lackierung von 100 Verpackungen:

$100 \cdot 0{,}0583 \cdot 1\text{ €} = 5{,}83\text{ €}$

(2) s: Kegelmantellinie

$s^2 = h^2 + r^2 \quad s = \sqrt{h^2 + r^2}$

$s = \sqrt{(7\text{ cm})^2 + (5\text{ cm})^2} \approx 8{,}602\text{ cm}$

lackierte Fläche: $A = 2\pi rc + \pi rs$

$A \approx 2\pi \cdot 5\text{ cm} \cdot 12\text{ cm} + \pi \cdot 5\text{ cm} \cdot 8{,}602\text{ cm}$

$A \approx 512\text{ cm}^2 = 0{,}0512\text{ m}^2$

Lackierung von 100 Verpackungen:

$100 \cdot 0{,}0512 \cdot 1\text{ €} = 5{,}12\text{ €}$

Gesamtkosten: 5,83 € + 5,12 € = 10,95 €

Die Außenlackierung von je 100 Verpackungen kostet insgesamt 10,95 €.

2 a) Dachhöhe: $h = 7\text{ m} - 3\text{ m} = 4\text{ m}$

s: Länge der Dachschräge $\quad s^2 = h^2 + x^2$

$s = \sqrt{h^2 + x^2} = \sqrt{(4\text{ m})^2 + (4\text{ m})^2} \approx 5{,}657\text{ m}$

Dachfläche:

$A \approx 2 \cdot 10\text{ m} \cdot 5{,}657\text{ m} = 113{,}14\text{ m}^2$

Fläche mit 10 % Zusatz:

$W = p \cdot \frac{G}{100} \approx 110 \cdot \frac{113{,}14\text{ m}^2}{100} \approx 124{,}45\text{ m}^2$

Kosten 85 € · 124,45 = 10 578,25 €

Die Dacheindeckung kostet ca. 10 578 €.

b) $A = 2 \cdot (10\text{ m} + 8\text{ m}) \cdot 3\text{ m} + 2 \cdot (\frac{1}{2} \cdot 8\text{ m} \cdot 4\text{ m})$

$A = 132\text{ m}^2$

Die zu streichende Fläche hat eine Größe von 132 m^2.

c) umbauter Raum:

$V = 10\text{ m} \cdot (8\text{ m} \cdot 3\text{ m} + \frac{1}{2} \cdot 8\text{ m} \cdot 4\text{ m}) = 400\text{ m}^3$

Kosten pro m^2: 250 000 € : 400 = 625 €

Die Kosten für 1 m^3 umbauten Raum betragen 625 €.

d) Maßstab 1 : 200

1. Möglichkeit:

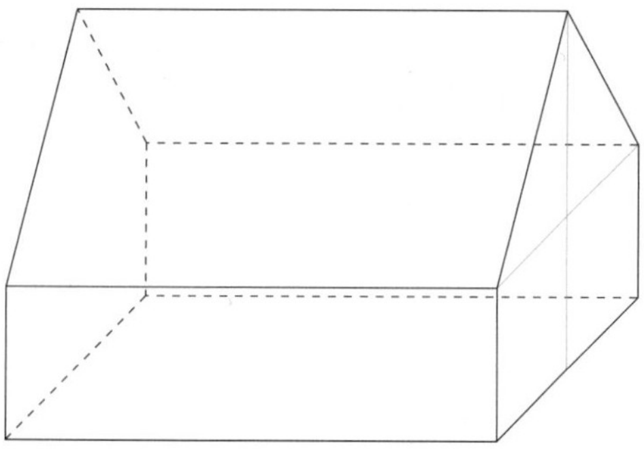

2. Möglichkeit:

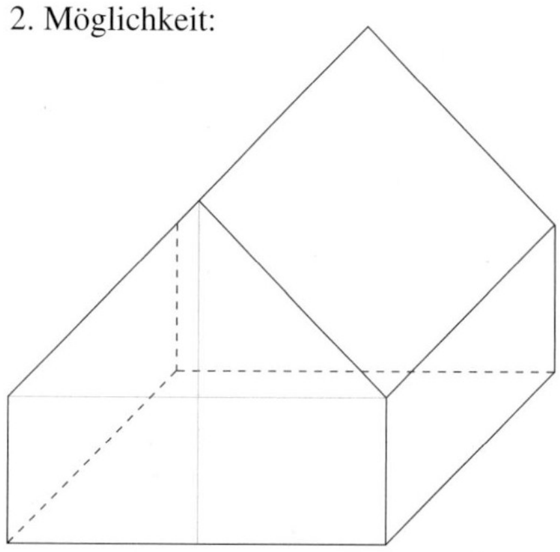

3 a) Zylinder: $u = 2\pi r = 2\pi \cdot 2{,}5\text{ cm} \approx 15{,}7\text{ cm}$

Maßstab 1 : 3

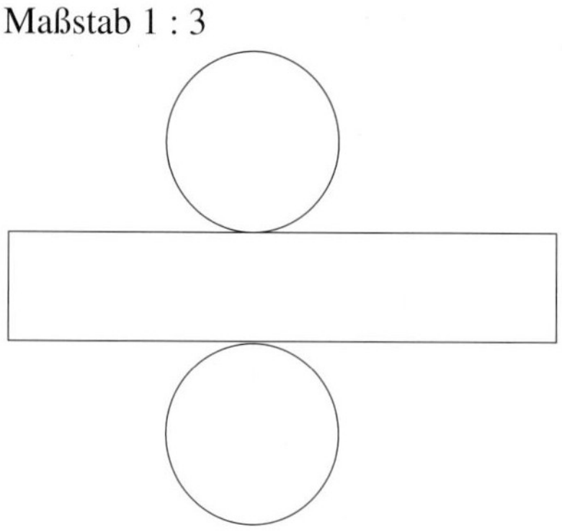

Pyramidennetz: Maßstab 1 : 2

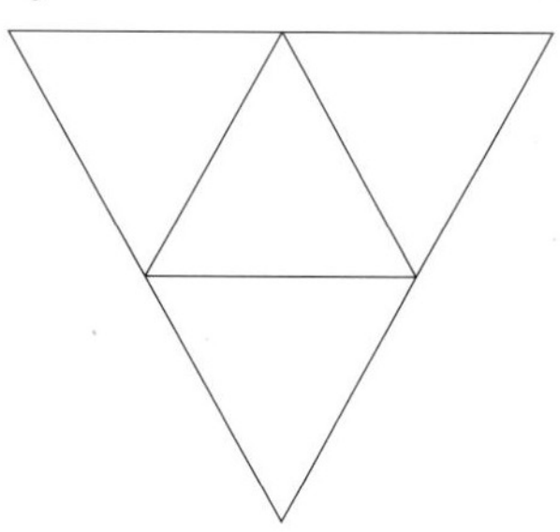

b) Zylinder:

$V = \pi r^2 h = \pi \cdot (2{,}5\text{ cm})^2 \cdot 3\text{ cm} \approx 58{,}9\text{ cm}^3$

Kegel: Radius: $r = 4$ cm

$V = \frac{1}{3}\pi r^2 h = \frac{1}{3}\pi \cdot (4\text{ cm})^2 \cdot 3\text{ cm} \approx 50{,}3\text{ cm}^3$

Für den Zylinder werden ca. 58,9 cm³ und für den Kegel ca. 50,3 cm³ Lehm benötigt.

c) Volumen gesamt:

$58{,}9\text{ cm}^3 + 50{,}3\text{ cm}^3 = 109{,}2\text{ cm}^3$

Dichte: $\rho = \frac{m}{V}$

$m = \rho \cdot V = 1{,}6\,\frac{\text{g}}{\text{cm}^3} \cdot 109{,}2\text{ cm}^3 \approx 175\text{ g}$

Zylinder und Kegel sind zusammen ca. 175 g schwer.

4 a) Trapez: $A = \frac{1}{2}(a + c) \cdot h$

$A = \frac{1}{2} \cdot (4{,}30\text{ m} + 6{,}40\text{ m}) \cdot 2{,}60\text{ m} = 13{,}91\text{ m}^2$

$V = 13{,}91\text{ m}^2 \cdot 250\text{ m} = 3\,477{,}5\text{ m}^3$

$V = 3\,477\,500$ l

Der Graben kann höchstens 3 477 500 Liter Wasser fassen.

b) trapezförmiger Querschnitt ohne Wasser:

untere Trapezseite: $a = \frac{6{,}40\text{ m} + 4{,}30\text{ m}}{2} = 5{,}35\text{ m}$

$A = \frac{1}{2} \cdot (5{,}35\text{ m} + 6{,}40\text{ m}) \cdot 1{,}30\text{ m} = 7{,}6375\text{ m}^2$

$V = 7{,}6375\text{ m}^2 \cdot 250\text{ m} = 1909{,}375\text{ m}^3$

$V = 1\,909\,375$ l

Der bis zur Hälfte gefüllte Graben kann noch 1 909 375 Liter Wasser aufnehmen.

Seite 40

5 a) Maßstab 1 : 5000

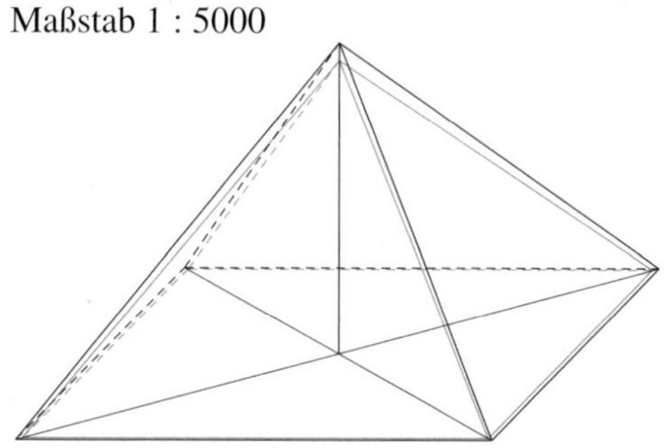

schwarz: ursprüngliche Pyramide

grau (innen): heutige Pyramide

b) ursprüngliche Pyramide:

Seitenlänge der Grundfläche:

$a = 440 \cdot 52{,}3\text{ cm} = 23\,012\text{ cm} = 230{,}12\text{ m}$

Höhe:

$h = 280 \cdot 52{,}3\text{ cm} = 14\,644\text{ cm} = 146{,}44\text{ m}$

$V = \frac{1}{3}A_G h = \frac{1}{3}a^2 h$

$V = \frac{1}{3} \cdot (230{,}12\text{ m})^2 \cdot 146{,}44\text{ m} \approx 2{,}585\text{ Mio. m}^3$

heutige Pyramide:

$V = \frac{1}{3} \cdot (225\text{ m})^2 \cdot 138{,}50\text{ m} \approx 2{,}337\text{ Mio. m}^3$

Das Volumen der ursprünglichen Pyramide betrug ca. 2,585 Mio. m³, die heutige Pyramide hat ein Volumen von ca. 2,337 Mio. m³.

c) $2{,}585\text{ Mio. m}^3 - 2{,}337\text{ Mio. m}^3 = 248\,000\text{ m}^3$

Es sind ca. 248 000 m³ Gestein verwittert.

d) h_S: Seitenhöhe der ursprünglichen Pyramide

$h_S^2 = h^2 + (\frac{a}{2})^2$ $\qquad h_S = \sqrt{h^2 + (\frac{a}{2})^2}$

$h_S = \sqrt{(146{,}44\text{ m})^2 + (\frac{230{,}12\text{ m}}{2})^2} \approx 186{,}24\text{ m}$

Mantelfläche: $A_M = 4 \cdot \frac{1}{2}ah_S = 2ah_S$

$A_M \approx 2 \cdot 230{,}12\text{ m} \cdot 186{,}24\text{ m} \approx 85\,700\text{ m}^2$

Die Lexikonangaben können stimmen.

Größe der Hohlräume:

$2{,}585\text{ Mio. m}^3 - 2{,}5\text{ Mio. m}^3 = 85\,000\text{ m}^3$

Die Hohlräume sind ca. 85 000 m³ groß.

6 a) $V = \frac{1}{3}A_G h = \frac{1}{3}a^2 h = \frac{1}{3} \cdot (6\text{ cm})^2 \cdot 10\text{ cm} = 120\text{ cm}^3$
h_S: Seitenhöhe
$h_S^2 = h^2 + (\frac{a}{2})^2 \qquad h_S = \sqrt{h^2 + (\frac{a}{2})^2}$
$h_S = \sqrt{(10\text{ cm})^2 + (\frac{6\text{ cm}}{2})^2} \approx 10{,}44\text{ cm}$
$A_O = a^2 + 4 \cdot \frac{1}{2}ah_S = a^2 + 2ah_S$
$A_O \approx (6\text{ cm})^2 + 2 \cdot 6\text{ cm} \cdot 10{,}44\text{ cm} \approx 161\text{ cm}^2$

b) Radius: $r = 6\text{ cm}$
$V = \pi r^2 h = \pi \cdot (6\text{ cm})^2 \cdot 27\text{ cm} \approx 3054\text{ cm}^3$
$A_O = 2\pi r(r + h)$
$A_O = 2\pi \cdot 6\text{ cm} \cdot (6\text{ cm} + 27\text{ cm}) \approx 1244\text{ cm}^2$

c) Radius: $r = 4\text{ dm}$
$V = \pi r^2 h \qquad h = \frac{V}{\pi r^2} = \frac{400\text{ dm}^3}{\pi \cdot (4\text{ dm})^2} \approx 7{,}96\text{ dm}$
Die Regentonne ist ca. 79,6 cm hoch.

d) Innenradius: $r = 12{,}5\text{ mm}$
Innenvolumen der Kugel:
$V = \frac{4}{3}\pi r^3 = \frac{4}{3}\pi \cdot (12{,}5\text{ mm})^3 \approx 8181\text{ mm}^3$
Marzipanvolumen: $8181\text{ mm}^3 : 2 \approx 4090\text{ mm}^3$
Die Marzipanfüllung nimmt ca. 4,09 cm^3 ein.

e) $A_O = 4\pi r^2 = 4\pi \cdot (11\text{ cm})^2 \approx 1521\text{ cm}^2$
Zur Herstellung des Balls werden ca. 1521 cm^2 Leder benötigt. Die Angabe eines genauen Wertes ist auf Grund der Nähte zwischen den Fünf- und Sechsecken schwierig. Der Ball ist nur näherungsweise eine Kugel.

f) Bei der Rotation ensteht jeweils ein Kreiskegel.
$V = \frac{1}{3}\pi r^2 h$
Rotation um Kathete b:
Radius: $r = c$ Höhe: $h = b$
$V = \frac{1}{3}\pi c^2 b = \frac{1}{3}\pi \cdot (4\text{ cm})^2 \cdot 3\text{ cm} \approx 50{,}27\text{ cm}^3$
Rotation um Kathete c:
Radius: $r = b$ Höhe: $h = c$
$V = \frac{1}{3}\pi b^2 c = \frac{1}{3}\pi \cdot (3\text{ cm})^2 \cdot 4\text{ cm} \approx 37{,}70\text{ cm}^3$

7 a) Bei einer Schutthöhe von $h_S = 0{,}15$ m bildet die Schuttmenge ein auf der Seite liegendes Prisma mit einer trapezförmigen Grundfläche. Das Trapez setzt sich aus einem 1,60 m langen Rechteck in der Mitte und rechtwinkligen Dreiecken an den Seiten zusammen, welche wegen der Winkel von 45° gleichschenklig sind mit 0,15 m langen Schenkeln.
obere Trapezseite:
$c = 1{,}60\text{ m} + 2 \cdot 0{,}15\text{ m} = 1{,}90\text{ m}$
$A_G = \frac{1}{2}(a + c) \cdot h_S$
$A_G = \frac{1}{2} \cdot (1{,}60\text{ m} + 1{,}90\text{ m}) \cdot 0{,}15\text{ m}$
$A_G = 0{,}2625\text{ m}^2$
$V = A_G h = 0{,}2625\text{ m}^2 \cdot 2\text{ m} = 0{,}525\text{ m}^3$
Analog erfolgt die Berechnung für die Schutthöhen von 0,30 m, 0,45 m und 0,60 m.

Schutthöhe in m	0	0,15	0,30	0,45
Volumen in m³	0	0,525	1,14	1,845

Schutthöhe in m	0,60	0,75	0,90
Volumen in m³	2,64	3,435	4,14

Die Schuttmenge bei einer Schutthöhe von 0,75 m ist um ein Prisma mit trapezförmiger Grundfläche größer als die Menge bei 0,60 m Höhe.
Höhe des Trapezes: $0{,}75\text{ m} - 0{,}60\text{ m} = 0{,}15\text{ m}$
obere Trapezseite:
$\frac{1}{2} \cdot (2{,}80\text{ m} + 2{,}20\text{ m}) = 2{,}50\text{ m}$
$A_G = \frac{1}{2} \cdot (2{,}80\text{ m} + 2{,}50\text{ m}) \cdot 0{,}15\text{ m}$
$A_G = 0{,}3975\text{ m}^2$
$V = A_G h = 0{,}3975\text{ m}^2 \cdot 2\text{ m} = 0{,}795\text{ m}^3$
Schuttmenge gesamt:
$2{,}64\text{ m}^3 + 0{,}795\text{ m}^3 = 3{,}435\text{ m}^3$
Bei einer Schutthöhe von 0,90 m kommt ebenfalls ein Prisma mit trapezförmiger Grundfläche zur Schuttmenge bei 0,60 m Höhe hinzu. Das Trapez ist 0,30 m hoch, die untere Seite 2,80 m und die obere Seite 2,20 m lang.
$A_G = \frac{1}{2} \cdot (2{,}80\text{ m} + 2{,}20\text{ m}) \cdot 0{,}30\text{ m} = 0{,}75\text{ m}^2$
$V = A_G h = 0{,}75\text{ m}^2 \cdot 2\text{ m} = 1{,}5\text{ m}^3$
Schuttmenge gesamt:
$2{,}64\text{ m}^3 + 1{,}5\text{ m}^3 = 4{,}14\text{ m}^3$

b) Der Container enthält nicht die halbe Menge seines Volumens, wenn er bis zur Hälfte gefüllt ist, da er oben länger ist als unten.

c) Maßstab 1 : 60

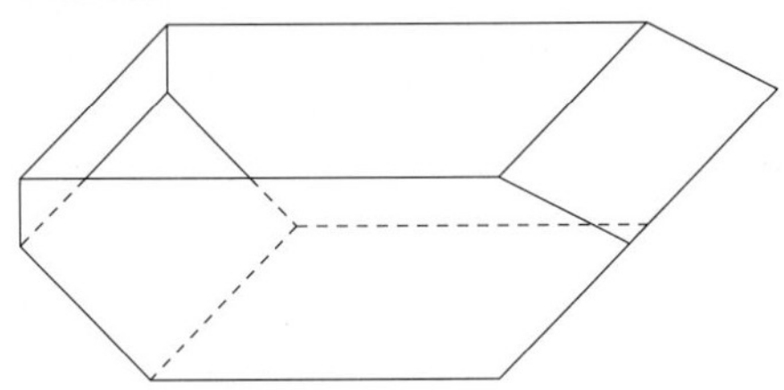

8 a) Maßstab 1 : 200

b) $\tan\alpha = \frac{4\text{ m} - 3\text{ m}}{8\text{ m}} = 0{,}125 \qquad \alpha \approx 7{,}1°$
Die Dachfläche ist gegenüber der Grundfläche um ca. 7,1° geneigt.

c) s: seitliche Dachlänge

$\cos\alpha = \frac{8\text{ m}}{s}$ $\quad s = \frac{8\text{ m}}{\cos\alpha} \approx \frac{8\text{ m}}{\cos 7{,}1°} \approx 8{,}06\text{ m}$

Dachfläche: $A \approx 7\text{ m} \cdot 8{,}06\text{ m} \approx 56{,}4\text{ m}^2$

Glasziegelanzahl: $46 \cdot 56{,}4 \approx 2594$

5 % Sicherheit: $W = p \cdot \frac{G}{100} \approx 5 \cdot \frac{2594}{100} \approx 130$

Anzahl der zu bestellenden Glasziegel:

$2594 + 130 = 2724$

Kosten: $2724 \cdot 1{,}20\text{ €} = 3268{,}80\text{ €}$

Die Kosten betragen ca. 3270 €.

SEITE 41

9 a) Maßstab 1 : 10000

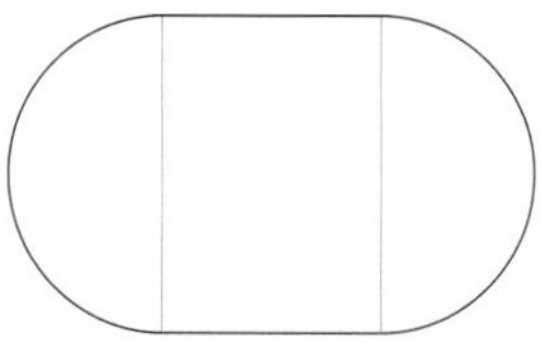

b) Der Fläche von acht z. B. 7350 m² großen Fußballfeldern (105 m lang, 70 m breit) ist kleiner als die Grundfläche der Halle. Dennoch lassen sie sich nicht so anordnen, dass sie in die Halle passen. Zur Überprüfung können maßstäbliche Fußballfelder ausgeschnitten und auf der Zeichnung der Grundfläche (Maßstab z. B. 1 : 2000) angeordnet werden.

c) z. B. Maßstab 1 : 10000

Schnitt mittig durch die Zylinderachse:

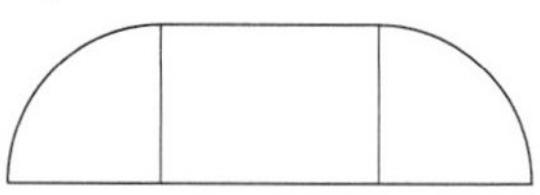

Schnitt mittig senkrecht zur Zylinderachse:

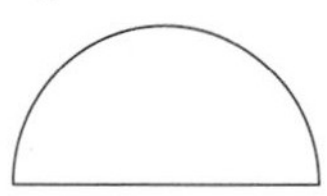

d) Die Halle besteht näherungsweise aus einem liegenden Halbzylinder (Durchmesser 210 m; Zylinderhöhe 360 m – 210 m = 150 m) in der Mitte sowie zwei Viertelkugeln (Durchmesser 210 m) an den Seiten.

10 a) Die Pyramide ist gerade, vierseitig und sie besitzt eine quadratische Grundfläche. Die Spitze befindet sich über dem Schnittpunkt der Diagonalen.

b) Grundkante der Pyramide: $a = 6$ LE

Seitenhöhe der Pyramide: $h_S = 4$ LE

h: Höhe der Pyramide

$h_S{}^2 = h^2 + (\frac{a}{2})^2$ $\quad h = \sqrt{h_S{}^2 - (\frac{a}{2})^2}$

$h = \sqrt{(4\text{ LE})^2 - (\frac{6\text{ LE}}{2})^2} \approx 2{,}646\text{ LE}$

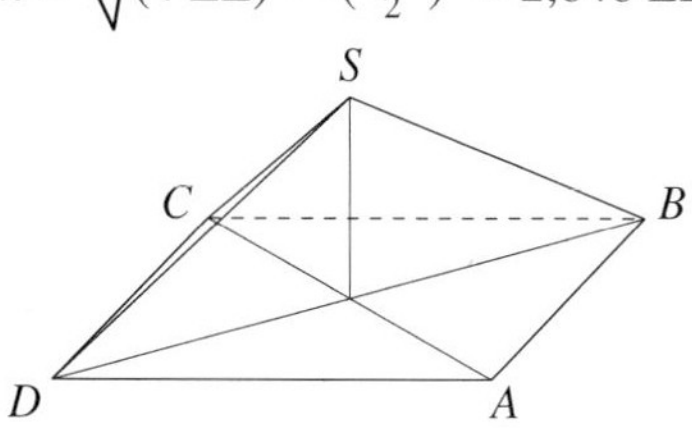

(Längeneinheit: 0,5 cm)

c) $V = \frac{1}{3}A_G h = \frac{1}{3}a^2 h$

$V \approx \frac{1}{3} \cdot (6\text{ LE})^2 \cdot 2{,}646\text{ LE} \approx 31{,}75\text{ VE}$

d) $A_O = A_G + A_M = a^2 + 4 \cdot \frac{1}{2}ah_S = a^2 + 2ah_S$

$A_O = (6\text{ LE})^2 + 2 \cdot 6\text{ LE} \cdot 4\text{ LE} = 84\text{ FE}$

11 a) Die Papierrollen können 29,7 cm oder 21 cm hoch sein.

b) Der Umfang der Papierrolle entspricht der Breite des DIN-A4-Blattes und ist 21 cm groß.

c) Flaschenumfang: $u = \pi d = \pi \cdot 6\text{ cm} \approx 18{,}8\text{ cm}$

Da der Flaschenumfang kleiner ist als 21 cm, kann die Papierrolle 29,7 cm hoch sein. Auch eine Höhe von 21 cm ist möglich.

d) maximaler Umfang: $u = 29{,}7$ cm

$d = \frac{u}{\pi} = \frac{29{,}7\text{ cm}}{\pi} \approx 9{,}45\text{ cm}$

Die Flaschen dürfen höchstens ca. 9,45 cm dick sein.

e) $V = \pi r^2 h = \pi \cdot (7\text{ cm})^2 \cdot 21\text{ cm} \approx 3233\text{ cm}^3$

Ersetzen von π durch $\frac{22}{7}$:

$V \approx \frac{22}{7} \cdot (7\text{ cm})^2 \cdot 21\text{ cm} = 3234\text{ cm}^3$

Die Ergebnisse unterscheiden sich nur geringfügig. $\frac{22}{7}$ ist ein guter Näherungswert für π.

12 a) s: Länge der Trapezschenkel

$s^2 = (3\text{ cm})^2 + (1\text{ cm})^2$

$s = \sqrt{(3\text{ cm})^2 + (1\text{ cm})^2} \approx 3{,}162\text{ cm}$

Die Schenkel des Trapezes sind ca. 3,162 cm lang.

b) e: Diagonale im Trapez

$e^2 = (4\text{ cm})^2 + (3\text{ cm})^2$

$e = \sqrt{(4\text{ cm})^2 + (3\text{ cm})^2} = 5\text{ cm}$

Berechnung der Diagonalenabschnitte e_1 und e_2 von ihrem Schnittpunkt bis zu den Ecken mit dem Strahlensatz:

$\frac{e_1}{3\text{ cm}} = \frac{e_2}{5\text{ cm}} = \frac{5\text{ cm} - e_1}{5\text{ cm}}$ $\quad 5e_1 = 15\text{ cm} - 3e_1$

$e_1 = 1{,}875\text{ cm}$ $\quad e_2 = 3{,}125\text{ cm}$

Abstand des Randes des Bohrlochs zu den Ecken:

$1{,}875\text{ cm} - 0{,}6\text{ cm} = 1{,}275\text{ cm}$

$3{,}125\text{ cm} - 0{,}6\text{ cm} = 2{,}525\text{ cm}$

Der Abstand des Randes des Bohrloches zu den oberen Ecken beträgt 1,275 cm und zu den unteren Ecken 2,525 cm.

c) Flächeninhalt der vorderen und hinteren Fläche:

$A = \frac{1}{2}(a + c)\,h_T - \pi r^2$

$A = \frac{1}{2} \cdot (5\text{ cm} + 3\text{ cm}) \cdot 3\text{ cm} - \pi \cdot (0{,}6\text{ cm})^2$

$A \approx 10{,}87\text{ cm}^2$

$2A \approx 2 \cdot 10{,}87\text{ cm}^2 = 21{,}74\text{ cm}^2$

Flächeninhalt der linken und rechten Seitenfläche:

$A = sh \approx 3{,}162\text{ cm} \cdot 8\text{ cm} \approx 25{,}30\text{ cm}^2$

$2A \approx 2 \cdot 25{,}30\text{ cm}^2 = 50{,}60\text{ cm}^2$

Flächeninhalt der oberen Seitenfläche:

$A = ch = 3\text{ cm} \cdot 8\text{ cm} = 24\text{ cm}^2$

Flächeninhalt der unteren Seitenfläche:
$A = ah = 5\ \text{cm} \cdot 8\ \text{cm} = 40\ \text{cm}^2$
Fläche der Bohrung:
$A = 2\pi rh = 2\pi \cdot 0{,}6\ \text{cm} \cdot 8\ \text{cm} \approx 30{,}16\ \text{cm}^2$
Gesamtoberfläche:
$A \approx 21{,}74\ \text{cm}^2 + 50{,}60\ \text{cm}^2 + 24\ \text{cm}^2 + 40\ \text{cm}^2 + 30{,}16\ \text{cm}^2$
$A \approx 166{,}5\ \text{cm}^2$
Die Gesamtoberfläche beträgt ca. 166,5 cm².

d) Grundfläche des Prismas:
$A = \frac{1}{2}(a + c)\ h_T$
$A = \frac{1}{2} \cdot (5\ \text{cm} + 3\ \text{cm}) \cdot 3\ \text{cm} = 12\ \text{cm}^2$
Volumen des Prismas:
$V = A_G h = 12\ \text{cm}^2 \cdot 8\ \text{cm} = 96\ \text{cm}^3$
Volumen des Kreiszylinders:
$V = \pi r^2 h = \pi \cdot (0{,}6\ \text{cm})^2 \cdot 8\ \text{cm} \approx 9{,}05\ \text{cm}^3$
Volumen des Körpers:
$V \approx 96\ \text{cm}^3 - 9{,}05\ \text{cm}^3 = 86{,}95\ \text{cm}^3$
Masse des Körpers:
$\rho = \frac{m}{V}$
$m = \rho \cdot V \approx 7{,}8\ \frac{\text{g}}{\text{cm}^3} \cdot 86{,}95\ \text{cm}^3 \approx 678{,}2\ \text{g}$
Die Masse des Körpers beträgt ca. 678,2 g.

Seite 42

Test zu den Grundfertigkeiten

	A	B	C	D
1a	×		×	
1b	×			
2a	×	×		×
2b				×
3	3,3			
4		×	×	×
5			×	×
6				×

Seite 43

Aufgaben zum Trainieren

1 a) Anzahl der beobachteten Pkw: 50

Personen	1	2	3	4	5
abs. Häufigkeit	23	16	3	6	2
rel. Häufigkeit	0,46	0,32	0,06	0,12	0,04

b)

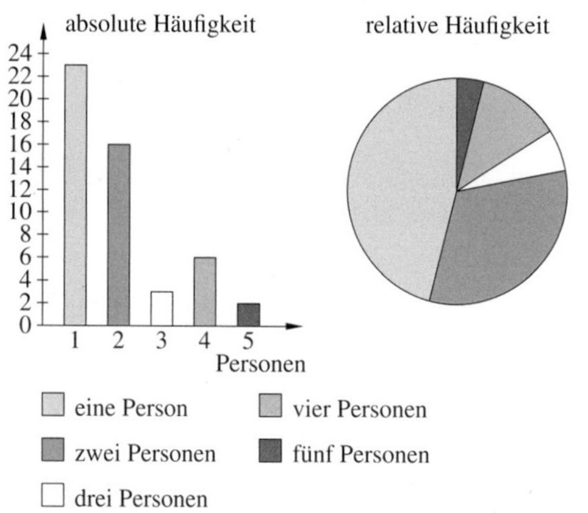

Ein Kreisdiagramm eignet sich gut zum Veranschaulichen von relativen Häufigkeiten.

c) $\frac{13 \cdot 1 + 26 \cdot 2 + 3 \cdot 3 + 6 \cdot 4 + 2 \cdot 5}{50} = \frac{98}{50} = 1{,}96$

Durchschnittlich saßen 1,96 Personen in einem Pkw.

d) Am häufigsten trat eine Person pro Pkw auf.

e) Median: 2

2 a) $\frac{424\,€}{20} = 21{,}20\,€$

Durchschnittlich erhält ein Jugendlicher 21,20 € Taschengeld.

b) Maximum: 50 € Minimum: 5 €

c) Spannweite: 50 € – 5 € = 45 €

d) z. B.

Klasse in €	Klassenmitte in €
[5; 20)	12,50
[20; 35)	27,50
[35; 50]	42,50

e) z. B. 1 €; 2 €; 3 €; 5 €; 17 €; 17 €; 18 €

f) durchschnittliches Taschengeld der Jungen:

$\frac{160\,€}{8} = 20\,€$

Zur Ermittlung der mittleren linearen Abweichung kann man für jeden auftretenden Taschengeldwert den Betrag der Differenz zum arithmetischen Mittel mit der relativen Häufigkeit des Wertes multiplizieren und anschließend alle diese Produkte addieren.

3 a) Im Schuljahr 2005/2006 gab es in Deutschland etwa 5010 Hauptschulen.

b) Im Schuljahr 2007/2008 gab es mit 43 226 die geringste Klassenanzahl.

c) (1) durchschnittliche Klassengröße:

2005/2006: 1 023 838 : 48 441 ≈ 21,1

2007/2008: 889 132 : 43 226 ≈ 20,6

Die Aussage ist wahr, die durchschnittliche Klassengröße ist geringfügig gesunken.

(2) Die Aussage ist falsch. Die Anzahl der Hauptschulen ist etwa von 5010 auf 4460 gesunken.

(3) Abnahme der Schülerschaft:

1 023 838 – 889 132 = 134 706

$p = \frac{W}{G} \cdot 100 = \frac{134\,706}{1\,023\,838} \cdot 100 \approx 13{,}2$

Die Aussage ist falsch. Die Hauptschulen haben vom Schuljahr 2005/2006 bis zum Schuljahr 2007/2008 ca. 13,2 % ihrer Schülerschaft verloren.

d) durchschnittliche Klassenanzahl pro Hauptschule:

48 441 : 5010 ≈ 9,67

durchschnittliche Anzahl von Schülerinnen und Schülern pro Hauptschule:

1 023 838 : 5010 ≈ 204

Jan hat nicht Recht, nur der erste Teil seiner Behauptung ist richtig.

e) Es kann z. B. ein Säulendiagramm gezeichnet werden, bei dem die Einteilung der vertikalen Achse bei Null beginnt und nicht bei 4300. Die Anzahl der Hauptschulen in Deutschland ist vom Schuljahr 2005/2006 bis zum Schuljahr 2007/2008 nur etwas gesunken, etwa von 5010 um 550 auf 4460.

Seite 44

Test zu den Grundfertigkeiten

	A	B	C	D
1	$P(A) = \frac{\text{Anzahl der für } A \text{ günstigen Ergebnisse}}{\text{Anzahl der möglichen Ergebnisse}}$			
2	×			×
3	×		×	
4		×	×	
5			×	
6	×			×
7		×	×	
8			×	×
9 a			×	
9 b				×

Seite 45

Aufgaben zum Trainieren

1 a) P(beide Kugeln blau) $= \frac{5}{9} \cdot \frac{5}{9} = \frac{25}{81}$
P(beide Kugeln schwarz) $= \frac{4}{9} \cdot \frac{4}{9} = \frac{16}{81}$
Wahrscheinlichkeit gesamt: $\frac{25}{81} + \frac{16}{81} = \frac{41}{81} \approx 0{,}506$
Die Wahrscheinlichkeit beim Ziehen mit Zurücklegen zwei gleichfarbige Kugeln zu ziehen beträgt ca. 0,506.

b) P(beide Kugeln blau) $= \frac{5}{9} \cdot \frac{4}{8} = \frac{20}{72}$
P(beide Kugeln schwarz) $= \frac{4}{9} \cdot \frac{3}{8} = \frac{12}{72}$
Wahrscheinlichkeit gesamt: $\frac{20}{72} + \frac{12}{72} = \frac{4}{9} \approx 0{,}444$
Die Wahrscheinlichkeit beim Ziehen ohne Zurücklegen zwei gleichfarbige Kugeln zu ziehen beträgt ca. 0,444.

c) Dass die Kugeln unterschiedliche Farben haben, ist das Gegenereignis dazu, dass sie gleichfarbig sind.
P(Farben verschieden) $= 1 - \frac{41}{81} = \frac{40}{81} \approx 0{,}494$
Die Wahrscheinlichkeit beim Ziehen mit Zurücklegen zwei Kugeln mit unterschiedlichen Farben zu ziehen beträgt ca. 0,494.

d) P(erst blau, dann andere) $= \frac{5}{11} \cdot \frac{6}{10} = \frac{30}{110}$
P(erst schwarz, dann andere) $= \frac{4}{11} \cdot \frac{7}{10} = \frac{28}{110}$
P(erst weiß, dann andere) $= \frac{2}{11} \cdot \frac{9}{10} = \frac{18}{110}$
Wahrscheinlichkeit gesamt:
$\frac{30}{110} + \frac{28}{110} + \frac{18}{110} = \frac{38}{55} \approx 0{,}691$
Die Wahrscheinlichkeit beim Ziehen ohne Zurücklegen zwei verschiedenfarbige Kugeln zu ziehen beträgt ca. 0,691.

2 a) Die Tochter hat das defekte Gen mit einer Wahrscheinlichkeit von $\frac{1}{2} = 0{,}5$.

b) Da ein Sohn vom Vater das Y-Chromosom erhält, spielt es keine Rolle, ob der Vater Träger der Krankheit ist. Besitzt die Mutter kein defektes Gen, beträgt die Wahrscheinlichkeit 0, einen Sohn mit einem defekten Gen zu bekommen. Die Wahrscheinlichkeit, dass die Eltern einen Sohn bekommen, liegt bei $\frac{1}{2}$.
Besitzt die Mutter genau ein defektes Gen, beträgt die Wahrscheinlichkeit $\frac{1}{2}$, dass der Sohn dieses bekommt. Die Wahrscheinlichkeit einen Sohn mit einem defekten Gen zu bekommen beträgt dann $\frac{1}{2} \cdot \frac{1}{2} = \frac{1}{4} = 0{,}25$.
Enthalten beide X-Chromosomen der Mutter das defekte Gen, beträgt die Wahrscheinlichkeit einen Sohn mit einem defekten Gen zu bekommen $\frac{1}{2} \cdot 1 = \frac{1}{2} = 0{,}5$.

3 Es gibt $6 \cdot 6 = 36$ gleich wahrscheinliche Ergebnisse.

a) $\frac{1}{36} \approx 0{,}028$

b) $\frac{6}{36} = \frac{1}{6} \approx 0{,}167$

c) $\frac{6}{36} = \frac{1}{6} \approx 0{,}167$

d) $\frac{15}{36} = \frac{5}{12} \approx 0{,}417$

e) $\frac{15}{36} = \frac{5}{12} \approx 0{,}417$

4 a) Betrachtet man den Ergebnisraum, bei dem bei jedem Ziehen nur unterschieden wird, ob ein König (K) oder kein König (N) gezogen wird, gehören zum Ereignis, dass höchstens ein König gezogen wird, die Elementarereignisse {K; N; N}, {N; K; N}, {N ;N ;K} und{N; N; N}.

b) P(dreimal kein König) $= \frac{28}{32} \cdot \frac{27}{31} \cdot \frac{26}{30} \approx 0{,}660$
Die Wahrscheinlichkeit, dass keiner der Dreien einen König zieht, beträgt ca. 0,660.

c) P(beim ersten Ziehen König) $= \frac{4}{32} = \frac{1}{8} = 0{,}125$
Die Wahrscheinlichkeit, dass Lea einen König zieht, beträgt 0,125.

d) P(König, König, kein König) $= \frac{4}{32} \cdot \frac{3}{31} \cdot \frac{28}{30} = \frac{7}{620}$
P(König, kein König, König) $= \frac{4}{32} \cdot \frac{28}{31} \cdot \frac{3}{30} = \frac{7}{620}$
P(kein König, König, König) $= \frac{28}{32} \cdot \frac{4}{31} \cdot \frac{3}{30} = \frac{7}{620}$
Wahrscheinlichkeit gesamt:
$3 \cdot \frac{7}{620} = \frac{21}{620} \approx 0{,}034$
Die Wahrscheinlichkeit, dass von den Dreien insgesamt genau zwei Könige gezogen werden beträgt ca. 0,034.

5 a) mögliche Ergebnisse:
ORT, OTR, ROT, RTO, TOR, TRO
Da jedes mögliche Ergebnis mit der gleichen Wahrscheinlichkeit auftritt, liegt ein Laplace-Experiment vor.
Ergebnisse mit sinnvollem deutschen Wort:
ORT, ROT, TOR
Für die Wahrscheinlichkeit, dass ein sinnvolles deutsches Wort entsteht, gilt:
$\frac{3}{6} = 0{,}5 = 50\ \%$

b) Es gibt $3^3 = 27$ mögliche Buchstabenfolgen.